高等学校"十三五"规划教材·计算机软件工程系列

图像处理与识别技术

——应用与实践

主　编　佟喜峰　王　梅

哈爾濱工業大學出版社

内容简介

本书共9章:第1章介绍BMP图像文件的格式及如何显示BMP图像;第2章介绍常见的图像点运算,包括灰度线性变换、灰度非线性变换、灰度均衡等;第3章介绍常见的邻域运算,包括平滑滤波、边缘检测等;第4章介绍图像的几何变换,包括图像缩放、图像旋转、几何校正等;第5章介绍数学形态学处理,包括图像的腐蚀、膨胀、细化等;第6章介绍图像压缩编码的常用方法,包括游程编码、词典编码、算术编码等;第7章介绍傅里叶变换及快速傅里叶变换的概念与性质等;第8章介绍基本几何图形的识别方法;第9章以印章图像为例,通过印章图像检测、印章中心位置计算、印章旋转等步骤介绍印章图像真伪鉴别的过程。

本书可供计算机相关专业的本科生和研究生阅读参考,也可供从事图像处理和模式识别研究的科技工作者和工程师使用与参考。

图书在版编目(CIP)数据

图像处理与识别技术——应用与实践/佟喜峰,王梅主编.
—哈尔滨:哈尔滨工业大学出版社,2019.4
ISBN 978-7-5603-7772-8

Ⅰ.①图… Ⅱ.①佟…②王… Ⅲ.①图象处理-程序设计②图象识别-程序设计 Ⅳ.①TP391.413

中国版本图书馆CIP数据核字(2018)第258612号

策划编辑 王桂芝
责任编辑 刘 瑶
出版发行 哈尔滨工业大学出版社
社 址 哈尔滨市南岗区复华四道街10号 邮编150006
传 真 0451-86414749
网 址 http://hitpress.hit.edu.cn
印 刷 黑龙江艺德印刷有限责任公司
开 本 787mm×1092mm 1/16 印张11 字数275千字
版 次 2019年4月第1版 2019年4月第1次印刷
书 号 ISBN 978-7-5603-7772-8
定 价 32.00元

高等学校“十三五”规划教材

计算机软件工程系列

序

Foreword

随着计算机软件工程的发展和社会对计算机软件工程人才需求的增长，软件工程专业的培养目标更加明确，特色更加突出。目前，国内多数高校软件工程专业的培养目标是以需求为导向，注重培养学生掌握软件工程基本理论、专业知识和基本技能，具备运用先进的工程化方法、技术和工具从事软件系统分析、设计、开发、维护和管理等工作能力，以及具备参与工程项目的实践能力、团队协作能力、技术创新能力和市场开拓能力，具有发展成软件行业高层次工程技术和企业管理人才的潜力，使学生成为适应社会市场经济和信息产业发展需要的“工程实用型”人才。

本系列教材针对软件工程专业“突出学生的软件开发能力和软件工程素质，培养从事软件项目开发和管理的高级工程技术人才”的培养目标，集 9 家软件学院（软件工程专业）的优秀作者和强势课程，本着“立足基础，注重实践应用；科学统筹，突出创新特色”的原则，精心策划编写。具体特色如下：

1. 紧密结合企业需求，多校优秀作者联合编写

本系列教材的编写在充分进行企业需求、学生需要、教师授课方便等多方市场调研的基础上，采取了校企适度联合编写的做法，根据目前企业的普遍需要，结合在校学生的实际学习情况，校企作者共同研讨、确定课程的安排和相关教材内容，力求使学生在校学习过程中就能熟悉和掌握科学研究及工程实践中需要的理论知识和实践技能，以便适应就业及创业的需要，满足国家对软件工程人才的需要。

2. 多门课程系统规划，注重培养学生工程素质

本系列教材精心策划，从计算机基础课程→软件工程基础与主干课程→设计与实践课程，系统规划，统一编写。既考虑到每门课程的相对独立性、基础知识的完整性，又兼顾到相关课程之间的横向联系，避免知识点的简单重复，力求形成科学、完整的知识体系。

本系列教材中的《离散数学》《数据库系统原理》《算法设计与分析》等基础教材在引入概念和理论时，尽量使其贴近社会现实及软件工程等学科的技术和应用，力图将基本知识与软件工程学科的实际问题结合起来，在具备直观性的同时强调启发性，让学生理解所学的知

识。《软件工程导论》《软件体系结构》《软件质量保证与测试技术》《软件项目管理》等软件工程教材以《软件工程导论》为线索，各教材间相辅相成，互相照应，系统地介绍了软件工程的整个学习过程。《数据结构应用设计》《编译原理设计与实践》《操作系统设计与实践》《数据库系统设计与实践》等实践类教材以实验为主题，坚持理论内容以必需和够用为度，实验内容以新颖、实用为原则编写，通过一系列实验，培养学生的探究、分析问题的能力，激发学生的学习兴趣，充分调动学生的非智力因素，提高学生的实践能力。

相信本系列教材的出版，对于培养软件工程人才、推动我国计算机软件工程事业的发展必将起到积极作用。

王義和

2011 年 7 月

◎前 言

Preface

数字图像处理技术作为计算机学科的一个重要分支,得到了越来越广泛的应用。图像处理技术与模式识别、人工智能、互联网+、大数据等技术相结合,在工业、民用、军事等领域发挥着越来越重要的作用。

本书本着通俗易懂的原则,主要介绍常用图像处理算法的编程实现,有一定编程基础的高年级本科生、研究生或者已掌握相关基础知识的读者可以通过本书学习图像处理编程。

本书共9章:第1章介绍BMP图像文件的格式及如何显示BMP图像;第2章介绍常见的图像点运算,包括灰度线性变换、灰度非线性变换、灰度均衡等;第3章介绍常见的邻域运算,包括平滑滤波、边缘检测等;第4章介绍图像的几何变换,包括图像缩放、图像旋转、几何校正等;第5章介绍数学形态学处理,包括图像的腐蚀、膨胀、细化等;第6章介绍图像压缩编码的常用方法,包括游程编码、词典编码、算术编码等;第7章介绍傅里叶变换以及快速傅里叶变换的概念、性质等;第8章介绍基本几何图形的识别方法;第9章以印章图像为例,通过印章图像检测、印章中心位置计算、印章旋转等步骤介绍印章图像真伪鉴别的过程。本书每章都提供了相应的图像处理程序代码及运行结果图,以方便读者学习和理解。

本书的所有程序在微软Visual C++开发环境下能够运行,书中所有的图像处理算法都是直接编程实现的,没有使用第三方的软件开发包,因此读者可以更清楚地分析算法的详细运行过程。本书配有大量的插图,读者可以通过这些插图更直观地理解图像处理算法的思想。另外,本书还特别注重图像处理编程中的一些细节问题,如灰度级溢出、数组越界等,有助于读者学习编程,能够掌握正确运行的程序。模式识别和图像处理的关系非常密切,限于篇幅,本书没有详述模式识别的理论,而是在对基本概念进行介绍的基础上,通过两个具体的实例介绍了图像识别的编程实现。

由于本书针对的是初学者,所以对某些方面进行了简化,例如,假设图像的宽度正好是4的整数倍;除了第6章和第9章,假设图像的灰度级为256灰度级。

本书第1、2、3、4、5、7、8章由东北石油大学佟喜峰编写,第6、9章由东北石油大学王梅编写。

编者在编写本书的过程中,参考了有关专著、教材、论文等文献,特向这些作者、编者、译者致以衷心的感谢。

由于时间仓促且编者水平有限,书中疏漏和不妥之处在所难免,请广大读者批评指正。联系方式:tongxifeng@ yeah. net。

编　者

2019年1月

◎目 录

Contents

目录 Contents

第 1 章 BMP 图像概述

1.1 RGB 颜色空间

图像中的一个个颜色点称为像素，每个像素都有一定的颜色。RGB 颜色空间是工业界的一种颜色标准，通过对红(R)、绿(G)、蓝(B)三个颜色通道的变化及它们相互之间的叠加来得到各式各样的颜色，RGB 即是代表红、绿、蓝三个通道的颜色，这个标准几乎包括了人类视力所能感知的所有颜色，是目前运用最广的颜色系统之一。红、绿、蓝这三种颜色也称为三原色。目前绝大多数的显示器、电视、投影仪、手机屏幕等都是通过 RGB 方式显示颜色的。将距离非常近的红、绿、蓝三个发光点组合在一起，即构成了一个像素点。通常情况下，每个像素点的红、绿、蓝分量，各有 256 个亮度级，例如红分量的亮度级为 0 时代表黑色，随着亮度级逐渐增加，红色越来越明显，达到 255 时，为标准的红色。因此，RGB 颜色空间通过红、绿、蓝不同亮度的组合，共可以显示 256×256×256＝16 777 216(种)颜色。表 1.1 给出了几种颜色的 RGB 值，从表中也可以看出这样一个规律：如果某一种颜色接近于某一种三原色，则该颜色的分量值很大，而另外两种三原色的分量值则较小。例如，橘红色的红色分量值为 255，而另外两种颜色的分量值则较小。另外，从表 1.1 可以得出三个基本的颜色叠加结果：红+绿＝黄；红+蓝＝品红；绿+蓝＝青色。

表 1.1　几种颜色的 RGB 值

颜色	R	G	B	颜色	R	G	B
黑色	0	0	0	蛋壳色	252	230	201
白色	255	255	255	巧克力色	210	105	30
红色	255	0	0	橘红色	255	69	0
深灰色	64	64	64	紫色	160	32	240
浅灰色	192	192	192	深林绿	34	139	34
深蓝色	25	25	112	番茄红	255	99	71
黄色	255	255	0	胡萝卜色	237	145	33
品红	255	0	255	青色	0	255	255

灰度图是指每个像素均只含亮度信息,不包括色彩信息的图像。例如,黑白电视机显示的效果就是没有色彩信息的。256 色灰度图像中,共有 256 个亮度级别,代表 256 种灰度。灰度 0 为最暗(完全黑色),灰度 255 为最亮(完全白色)。在 BMP 图像中如果 RGB 三个通道的值相等,则所对应的颜色为某个灰度值,即 RGB 值为(0,0,0)代表灰度级 0,RGB 值为(1,1,1)代表灰度级 1……RGB 值为(255,255,255)代表灰度级 255。图 1.1 给出了 256 灰度级示意图,图中从左到右的各个亮度对应于灰度级从 0 到 255。

图 1.1　256 灰度级示意图

1.2　BMP 图像格式概述

BMP 是一种与硬件设备无关的图像文件格式,有着非常广泛的应用。由于 BMP 文件格式是 Windows 环境中交换与图有关的数据的一种标准,因此在 Windows 环境中运行的图形图像软件都支持 BMP 图像格式。BMP 文件按能够显示的颜色种类数分为 2 色、16 色、256 色和 16 777 216 色。16 色位图中,每个像素用四个二进制位表示,所以,16 色位图也称为 4 位位图。同理,256 色位图也称为 8 位位图;16 777 216 色位图更通用的称呼是 24 位位图。

典型的 BMP 文件按照先后次序依次包括文件头数据、信息头数据、调色板和位图数据,如图 1.2 所示。BMP 文件头的长度一般是 14 字节,它的格式见表 1.2,BMP 信息头的长度一般是 40 字节,它的格式见表 1.3。在信息头中,最经常使用的是 biWidth、biHeight 和 biBitCount 字段。

文件头数据
信息头数据
调色板
位图数据

图 1.2　BMP 文件的结构

表 1.2　BMP 文件的文件头(长度为 14 字节)

字段名	长度/字节	描　述
bfType	2	位图类别,在 Windows 中,此字段的值总为“BM”
bfSize	4	BMP 图像文件的大小
bfReserved1	2	总为 0
bfReserved2	2	总为 0
bfOffBits	4	BMP 图像数据的地址

表1.3　BMP 文件的信息头(长度为40字节)

字段名	长度/字节	描　述
biSize	4	本结构的大小根据不同的操作系统而不同,在 Windows 中,此字段的值总为40
biWidth	4	BMP 图像的宽度,单位:像素
biHeight	4	BMP 图像的高度,单位:像素
biPlanes	2	总为0
biBitCount	2	BMP 图像的色深,即一个像素用多少位表示,常见有1、4、8、16、24 和32,分别对应2色、16色、256色、16位高彩色、24位真彩色和32位增强型真彩色
biCompression	4	压缩方式,0表示不压缩,1表示 RLE8 压缩,2表示 RLE4 压缩,3表示每个像素值由指定的掩码决定
biSizeImage	4	BMP 图像数据大小,必须是4的倍数,图像数据大小不是4的倍数时用0填充补足
biXPelsPerMeter	4	水平分辨率,单位:像素/m
biYPelsPerMeter	4	垂直分辨率,单位:像素/m
biClrUsed	4	BMP 图像使用的颜色,0表示使用全部颜色,对256色位图来说,此值为256
biClrImportant	4	重要的颜色数,此值为0时所有颜色都重要,对使用调色板的 BMP 图像来说,当显卡不能够显示所有颜色时,此值将辅助驱动程序显示颜色

在24位 BMP 图像中,用三个字节分别表示一个像素点的红绿蓝颜色强度值,值为0表示颜色强度达到最低,值为255表示颜色强度达到最高。因此,24位 BMP 图像文件中是没有调色板的。而2色、16色、256色则需要在 BMP 图像文件中包含调色板。调色板中的颜色数正好等于与文件对应的颜色数,而不是实际使用的颜色数。例如,在一个256色的图像中,实际只出现了五种颜色,但是调色板仍然包含256种颜色。每个调色板颜色由四个字节表示,前三个字节分别代表红、绿、蓝颜色分量的值,第四个字节为保留占位字节。图1.3给出了256灰度级图像的调色板示意图。

在 BMP 图像文件的最后部分,也就是位图数据部分,按照逐行的次序,依次存储各个像素的数据。

需要注意的是,图像宽度与实际保存的数据个数有时是不相等的。保存每行图像数据所用的字节数一定是4的整数倍。

例如:

(1)256色图像,宽度为100像素时,保存100个像素用100个字节,100是4的整数倍,所以在该 BMP 文件中用100个字节保存图像的一行。

(2)256色图像,宽度为101像素时,保存101个像素用101个字节,大于101且与之最

索引值	蓝	绿	红	保留
0	0	0	0	0
1	1	1	1	0
2	2	2	2	0
255	255	255	255	0

图 1.3　256 灰度级图像的调色板示意图

接近的 4 的整数倍是 104，所以在该 BMP 文件中用 104 个字节保存图像的一行。

(3)24 位图像，宽度为 100 像素时，保存 100 个像素用 300 个字节，300 是 4 的整数倍，所以在 BMP 文件中用 300 个字节保存图像的一行。

(4)24 位图像，宽度为 102 像素时，保存 102 个像素用 306 个字节，大于 306 且与之最接近的 4 的整数倍是 308，所以在该 BMP 文件中用 308 个字节保存图像的一行。

其他情况请读者以此类推。图像的高度则根据实际情况存储，不存在“4 的整数倍”这样的问题。文件的长度正好是上面四部分长度之和。

例如：

(1)256 色图像，242(宽)×105(高)：文件头 14 字节，信息头 40 字节，调色板 256×4=1 024(字节)，每行图像用 244 字节保存，图像数据总共 244×105=25 620(字节)。所以文件总长度为 14+40+1 024+25 620=26 698(字节)。

(2)24 位图像，242(宽)×105(高)：文件头 14 字节，信息头 40 字节，无调色板，每行图像用 728 字节保存，图像数据总共 728×105=76 440 字节。所以文件总长度为 14+40+76 440=76 494(字节)。

1.3　BMP 图像显示软件的实现

图像的显示是进行其他图像处理算法编程的基础。因此，本节以 256 色 BMP 图像为例，简要介绍如何显示 BMP 图像。注意：此例子仅仅是演示程序，此处假设图像的大小小于 1 024×1 024，假设图像是 256 色的，并假设图像的宽度是 4 的整数倍。

(1)打开 VC++6.0 的开发环境，运行“File→New”菜单，弹出如图 1.4 所示窗口。在窗口左侧选“MFC AppWizard(exe)”，在右侧的“Project name”文本框内填写项目名“MyDIP”，然后点“OK”按钮。

(2)在弹出的窗口选“Single document”，如图 1.5 所示，点击“Next”按钮。

(3)将 CMyDIPView 的基类改为 CScrollView，如图 1.6 所示。

(4)在 CMyDIPDoc 类中添加存储 BMP 文件的数据结构。未加粗的代码为已经存在的代码，加粗的代码为需要添加的代码。

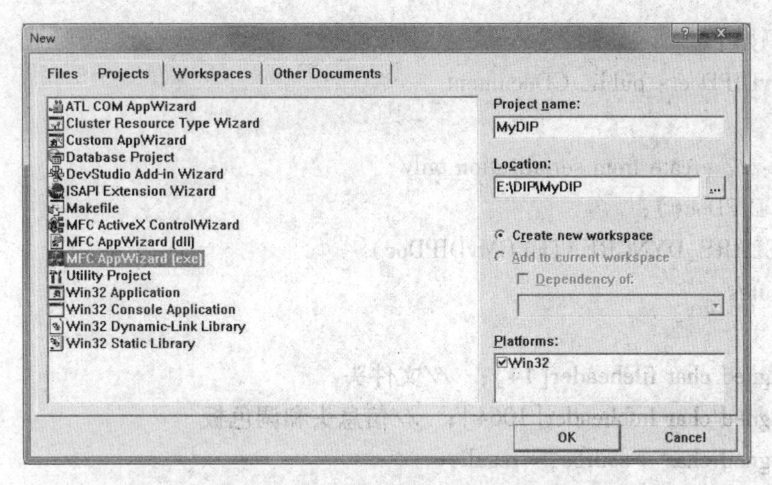

图 1.4　创建 MFC 应用程序

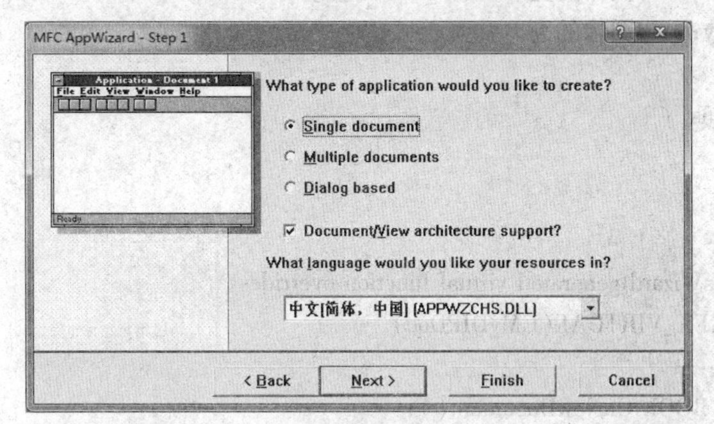

图 1.5　选择单文档

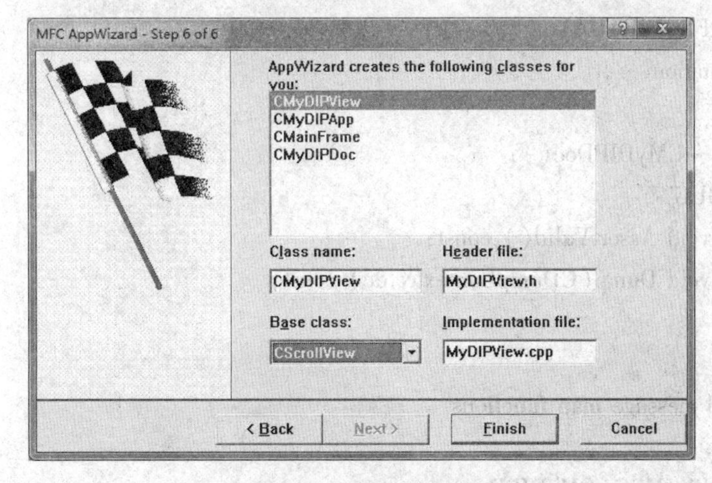

图 1.6　选择滚动视图

具体代码如下：

```
class CMyDIPDoc : public CDocument
{
protected: // create from serialization only
    CMyDIPDoc();
    DECLARE_DYNCREATE(CMyDIPDoc)
// Attributes
public:
    unsigned char fileheader[14];  //文件头
    unsigned char infoheader[1064];  //信息头和调色板
    unsigned char *source, *result;
    int m_x;  //图像的宽
    int m_y;  //图像的高

// Operations
public:

// Overrides
    //ClassWizard generated virtual function overrides
    //{{AFX_VIRTUAL(CMyDIPDoc)
    public:
    virtual BOOL OnNewDocument();
    virtual void Serialize(CArchive& ar);
    //}}AFX_VIRTUAL
//Implementation
public:
    virtual ~CMyDIPDoc();
#ifdef _DEBUG
    virtual void AssertValid() const;
    virtual void Dump(CDumpContext& dc) const;
#endif
protected:
//Generated message map functions
protected:
    //{{AFX_MSG(CMyDIPDoc)
        //NOTE - the ClassWizard will add and remove member functions here.
        //DO NOT EDIT what you see in these blocks of generated code !
    //}}AFX_MSG
    DECLARE_MESSAGE_MAP()
```

};

(5)在 void CMyDIPDoc::Serialize(CArchive& ar)中添加下列代码。未加粗的代码为已经存在的代码,加粗的代码为需要添加的代码。

```
void CMyDIPDoc::Serialize(CArchive& ar)
{
    if (ar.IsStoring())
    {
        // TODO: add storing code here
        ar.GetFile()->Write(fileheader,14);
        ar.GetFile()->Write(infoheader,1064);
        ar.GetFile()->WriteHuge(source,m_x * m_y);
    }
    else
    {
        // TODO: add loading code here
        ar.GetFile()->Read(fileheader,14);
        if(!(fileheader[0]=='B' && fileheader[1]=='M'))
        {
            ::AfxMessageBox("不是 BMP 图像",MB_OK);
            return;
        }
        ar.GetFile()->Read(infoheader,40);
        if(((BITMAPINFOHEADER *)infoheader)->biBitCount!=8)
        {
            ::AfxMessageBox("不是 256 色图像",MB_OK);
            return;
        }
        m_x=((BITMAPINFOHEADER *)infoheader)->biWidth;
        m_y=((BITMAPINFOHEADER *)infoheader)->biHeight;
        ar.GetFile()->Read(infoheader+40,1024);
        ar.GetFile()->ReadHuge(source,m_x * m_y);
//每次在显示图像前,都要调用 UpdateAllViews(NULL)更新视图
//否则不显示变化后的结果
        UpdateAllViews(NULL);
    }
}
```

(6)在构造函数和析构函数中分别添加下列代码。未加粗的代码为已经存在的代码,加粗的代码为需要添加的代码。

```
CMyDIPDoc::CMyDIPDoc()
```

```
{
    // TODO: add one-time construction code here
    m_x=200;
    m_y=200;
    source=new unsigned char [1024 * 1024];
    result=new unsigned char [1024 * 1024];
}

CMyDIPDoc::~CMyDIPDoc()
{
    if(source! =NULL)
        delete []source;
    if(result! =NULL)
        delete []result;
}
```

(7)在 CMyDIPView 的 OnDraw 方法中填写下列代码。未加粗的代码为已经存在的代码,加粗的代码为需要添加的代码。当视图变得无效时(包括大小的改变、移动、被遮盖等),OnPaint 函数会自动调用 OnDraw()函数重新绘制图像。

```
void CMyDIPView::OnDraw(CDC * pDC)
{
    CMyDIPDoc * pDoc = GetDocument();
    ASSERT_VALID(pDoc);
    // TODO: add draw code for native data here
/*设置的视图显示内容的总尺寸,当窗口小于 CSize(pDoc->m_x,pDoc->m_y)时,自动出现滚动条*/
    SetScrollSizes(MM_TEXT, CSize(pDoc->m_x,pDoc->m_y));
    ::StretchDIBits(pDC->GetSafeHdc(),
        0,
        0,
        pDoc->m_x,
        pDoc->m_y,
        0,
        0,
        pDoc->m_x,
        pDoc->m_y,
        pDoc->source,
        (BITMAPINFO *)(pDoc->infoheader),
```

```
        DIB_RGB_COLORS,
        SRCCOPY);
}
```

1.4 本章小结

本章首先介绍了 RGB 颜色空间。在 RGB 颜色空间中,每个像素的颜色分解为红、绿、蓝三个通道,红、绿、蓝按不同的分量值组合在一起,可以得到各种各样的颜色。如果红、绿、蓝的分量值相等,则该点的颜色为某个灰度,分量的值即为灰度级。灰度级为 0 代表黑,灰度级越大,则越亮,灰度级 255 代表白色。本章还介绍了 BMP 图像文件格式,一个 BMP 文件包括文件头数据、信息头数据、调色板和位图数据四部分。当 BMP 图像为 24 位时,调色板的长度为 0。每个调色板包括四个字节,分别是蓝、绿、红的强度和保留字节。最后,本章还介绍了如何在 VC++6.0 开发环境下显示 BMP 图像。

由于本书针对的是初学者,所以本着不求面面俱到但求通俗易懂的原则,只介绍了 RGB 颜色空间,其他的颜色空间还有 HIS、CMY、YC_rC_b 等,感兴趣的读者可以阅读相关著作。另外,为简化程序,使程序通俗易懂,假设图像的宽度为 4 的整数倍。

第2章 点运算

点运算是一类比较基本的图像处理技术。一幅图像由若干像素点组成,一幅图像经过点运算后产生一幅新的输出图像,由于在运算的过程中仅以当前像素点的灰度值作为输入,而不会考虑其他像素点,故取名“点运算”。在邻域运算中,除了考虑当前像素点的灰度值,还会考虑相邻区域内的若干像素点的灰度值。

假如输入的图像为 $I_{in}(x,y)$,输出的图像为 $I_{out}(x,y)$,则点运算可以表示为

$$I_{out}(x,y)=f[I_{in}(x,y)] \tag{2.1}$$

上述函数描述了输入的灰度值和输出的灰度值之间的转换关系。点运算包括反转变换、图像整体灰度调整、图像对比度调整、图像灰度分段线性变换、图像灰度非线性变换、图像灰度阈值变换、图像灰度均衡等内容。

灰度图像中的各个像素的灰度值构成了一个二维矩阵,此二维矩阵最终存储在一维空间中,因此,存在二维坐标与一维地址的转换问题。假设存储图像数据的数组为 data[ ],图像的宽为 m_x,图像的高为 m_y。图像的各个像素点在 data 数组中存储的次序为:逐行存储,先存储第 0 行,然后存储第 1 行、第 2 行……第 m_y-1 行;每行内部则按从左到右的次序,依次存储第 0 个像素、第 1 个像素……第 m_x-1 个像素。所以,在 256 色灰度图像中,每个像素占 1 个字节,像素点(x, y)的存储位置为 data[y * m_x+x];在 24 位灰度图像中,每个像素占 3 个字节,所以像素点(x, y)的红、绿和蓝分量的存储位置分别为 data[(y * m_x+x) * 3+2]、data[(y * m_x+x) * 3+1]和 data[(y * m_x+x) * 3]。

2.1 灰度线性变换

灰度线性变换是指每个像素点的灰度值根据一个线性函数变换为另一个灰度值。常见的灰度线性变换包括图像反转变换、图像灰度调整和图像对比度调整等内容。

2.1.1 图像反转变换

反转变换是指将较大的像素点灰度值变为较小的像素点灰度值,将较小的像素点灰度值变为较大的像素点灰度值。从视觉效果看,是把亮的部分变暗,把暗的部分变亮,达到类似于黑白相机的胶片效果。在一个 256 灰度级的灰度图像中,可以采用如下公式获得每个像素点的变换后的灰度值:

$$I_{out}(x,y)=255-I_{in}(x,y) \tag{2.2}$$

图 2.1 给出了图像反转变换的一个例子。

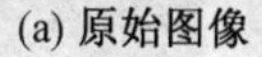

(a) 原始图像

(b) 反转变换后的图像

图 2.1　图像的反转变换

具体程序如下：

```
/*****************************************
 *函数功能:图像反转变换
 *参数:data—图像数据;m_x—图像的宽;m_y—图像的高
*****************************************/
voidCMyDIPDoc::funInverse(unsigned char * data, int m_x, int m_y)
{
    int x,y;
    for(x=0;x<m_x;x++)
        for(y=0;y<m_y;y++)
            data[y*m_x+x]=255-data[y*m_x+x];
}
```

2.1.2　图像灰度调整

图像灰度调整是指将图像的每个像素点的灰度值都增加或减少某一常量,从而达到图像整体变亮或变暗的效果。图 2.2 给出了图像灰度增加和减少的例子。因为像素点的灰度值在调整的过程中有可能超出[0, 255]这个范围而导致溢出,所以要在灰度值溢出时进行适当的处理:当灰度值大于 255 时,要将灰度值调整为 255;当灰度值小于 0 时,要将灰度值调整为 0。函数 funIntensityAdjust 中的"if(val>255) val=255; if(val<0) val=0;"即是完成此功能的语句。如果不做此处理,当灰度值超过 255 时,灰度值会变为 $I(x,y)\%256$。例如,当灰度值为 256 时,会变为 0;当灰度值为 257 时,会变为 1;以此类推。图 2.3 给出了未进行溢出处理时灰度调整的效果。在图像对比度调整等函数中,也需要做类似的处理,后面的章节对此问题不再重复叙述。

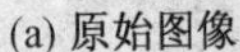
(a) 原始图像　(b) 灰度增加80　(c) 灰度减少80

图 2.2　图像灰度增加和减少的例子

(a) 原始图像　(b) 灰度增加80　(c) 灰度减少80

图 2.3　未进行溢出处理时灰度调整的效果

具体程序如下：

```
/*************************************
*函数功能:图像灰度调整
*参数:data—图像数据;m_x—图像的宽;m_y—图像的高;offset—灰度值的调整量
*************************************/
voidCMyDIPDoc::funIntensityAdjust(unsigned char * data, int m_x, int m_y, int offset)
{
    int x,y,val;
    for(x=0;x<m_x;x++)
        for(y=0;y<m_y;y++)
        {
            val=data[y*m_x+x]+offset;
            if(val>255)
            val=255;
        if(val<0)
            val=0;
        data[y*m_x+x]=val;
        }
}
```

2.1.3　图像对比度调整

图像对比度调整可以达到对比度加强或减弱的效果。首先需要计算各个像素点灰度的平均值,然后按比例放大或缩小各个像素点灰度与灰度平均值的差值。假设各个像素点灰度的平均值为 g_{ave},则通过如下公式进行对比度调整:

$$I_{out}(x,y)=[I_{in}(x,y)-g_{ave}]k+g_{ave} \tag{2.3}$$

式中,k 为对比度系数,当 $k=1$ 时,图像不发生变化;当 $k>1$ 时,对比度加强;当 $k<1$ 时,对比度减弱。图 2.4 给出了对比度系数取不同值时的图像对比度系数调整的例子。

(a) 原始图像

(b) 对比度系数为1.8

(c) 对比度系数为0.3

图 2.4　对灰度图像调整对比度系数的例子

具体程序如下:

```
/ * * * * * * * * * * * * * * * * * * * * * * * * * * * * * * * * * * * * * *
 * 函数功能:图像对比度调整
 * 参数:data—图像数据;m_x—图像的宽;m_y—图像的高;ratio—对比度系数
 * * * * * * * * * * * * * * * * * * * * * * * * * * * * * * * * * * * * * * */
voidCMyDIPDoc::funContrastAdjust(unsigned char * data, int m_x, int m_y, float ratio)
{
    int x,y,val;
    double ave,sum=0.0;
//计算图像各个像素点的灰度值之和
    for(x=0;x<m_x;x++)
        for(y=0;y<m_y;y++)
            sum+=data[y * m_x+x];
//计算图像各个像素点的平均灰度值
    ave=sum/(m_x * m_y);
    for(x=0;x<m_x;x++)
        for(y=0;y<m_y;y++)
        {
//对各个像素点,通过线性变换计算变换后的灰度值
            val=(int)((data[y * m_x+x]-ave) * ratio+ave);
            if(val<0)
```

```
            val=0;
        else if(val>255)
            val=255;
        data[y * m_x+x]=val;
    }
}
```

2.1.4 分段线性变换

分段线性变换可以更加灵活地控制图像的灰度分布。它可以通过组合多段线性函数的方式,有选择地拉伸某段灰度区间以改善图像效果。分段线性变换的函数表达式为

$$f(x)=\begin{cases}(y_1/x_1)x & (x<x_1)\\ [(y_2-y_1)/(x_2-x_1)](x-x_1)+y_1 & (x_1\leqslant x\leqslant x_2)\\ [(255-y_2)/(255-x_2)](x-x_2)+y_2 & (x>x_2)\end{cases} \tag{2.4}$$

图 2.5 给出了分段线性变换函数示意图。图 2.6 给出了原始图像及以(120, 10)和(170, 210)为转折点时的分段线性变换的例子。

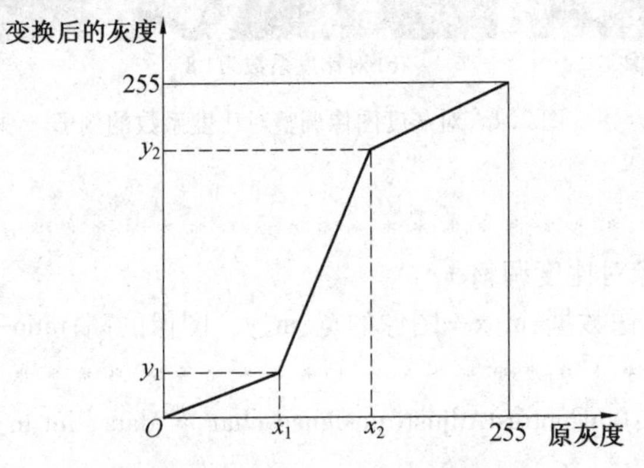

图 2.5 分段线性变换函数示意图

(a) 原始图像

(b) 以(120, 10)和(170, 210)为转折点时的分段线性变换的结果

图 2.6 分段线性变换的一个例子

具体程序如下：

```
/* * * * * * * * * * * * * * * * * * * * * * * * * * * * * * * * * * * *
 * 函数功能:生成灰度映射表
 * 参数:x1 和 y1—第 1 个转折点坐标;x2 和 y2—第 2 个转折点坐标;map—灰度映射表
 * * * * * * * * * * * * * * * * * * * * * * * * * * * * * * * * * * * */
voidCMyDIPDoc::getMap(int x1, int y1, int x2, int y2, unsigned char map[])
{
    int i;
//计算[0,x1)灰度区间的灰度映射表
    for(i=0;i<x1;i++)
        map[i]=((double)y1/x1)*i;
//计算[x1,x2)灰度区间的灰度映射表
    for(i=x1;i<x2;i++)
        map[i]=((double)(y2-y1)/(x2-x1))*(i-x1)+y1;
//计算[x2,255]灰度区间的灰度映射表
    for(i=x2;i<256;i++)
        map[i]=((double)(255-y2)/(255-x2))*(i-x2)+y2;
}

/* * * * * * * * * * * * * * * * * * * * * * * * * * * * * * * * * * * *
 * 函数功能:根据灰度映射表调整各个像素点的灰度值
 * 参数:data—图像数据;m_x—图像的宽;m_y—图像的高;map—灰度映射表
 * * * * * * * * * * * * * * * * * * * * * * * * * * * * * * * * * * * */
voidCMyDIPDoc::grayMap(unsigned char *data, int m_x, int m_y, unsigned char map
[])
{
    int x,y;
    for(x=0;x<m_x;x++)
        for(y=0;y<m_y;y++)
            data[y*m_x+x]=map[data[y*m_x+x]];
}
```

2.2　灰度非线性变换

灰度非线性变换包括灰度幂次变换、灰度对数变换及灰度指数变换等,一般是通过幂函数、指数函数和对数函数来实现灰度级的映射,达到预期的效果。下面以幂次变换为例进行说明。

幂次变换的函数为

$$y=cx^{r}+b \tag{2.5}$$

式中,x 为输入的灰度值;y 为变换后的灰度值;c 和 b 均为两个常数。由于把灰度值直接作为输入时 x^r 的值非常大,所以一般把灰度值经过线性变换后再作为输入。考虑到 $0^r=0$,$1^r=1$,一般把 $x/255$ 作为输入,这样可以保证 x^r 的输入在 0~1 之间,输出也在 0~1 之间,再经过线性变换,即可调整为 0~255。所以,实际使用的幂次变换公式为

$$y=255c\,(x/255)^r+b \tag{2.6}$$

图 2.7 给出了在 0~1 区间上 r 取不同值时幂次函数的曲线。与实际的灰度级对应时,坐标 0 对应于灰度级 0,坐标 1 对应于灰度级 255。根据函数曲线,当 $r=1$ 时,由于是线性函数,所以在参数 $b=0$ 时图像不发生变化;当 $r<1$ 时,扩展低灰度级,压缩高灰度级;当 $r>1$ 时,扩展高灰度级,压缩低灰度级。图 2.8 和图 2.9 给出了幂次变换的两个例子,在图 2.8 中,通过幂次变换把较暗的灰度调整为较亮的灰度;在图 2.9 中,通过幂次变换把较亮的灰度调整为较暗的灰度。

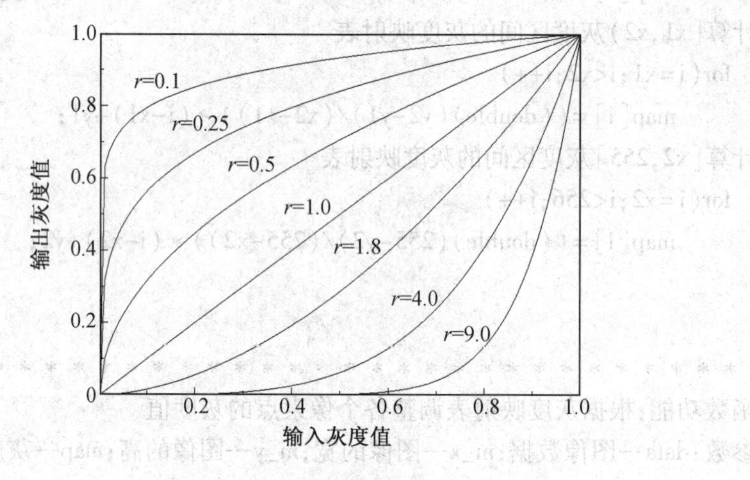

图 2.7 幂次函数曲线

(a) 原始图像

(b) 幂次变换后的效果

图 2.8 灰度幂次变换例子($r=0.5$)

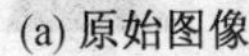
(a) 原始图像

(b) 幂次变换后的效果

图 2.9　灰度幂次变换例子(r=2.0)

具体程序如下:

```
/*************************************
 *函数功能:图像灰度幂次变换
 *参数:data—图像数据;m_x—图像的宽;m_y—图像的高;r—幂次变换的指数
 *************************************/
voidCMyDIPDoc::powerTrans(unsigned char *data, int m_x, int m_y, double r)
{
    int i,j;
    unsigned char map[256];
    for(i=0;i<256;i++)
    {
//计算灰度映射表
        map[i]=255.0*pow(i/255.0,r);
    }
    for(i=0;i<m_x;i++)
        for(j=0;j<m_y;j++)
            data[j*m_x+i]=map[data[j*m_x+i]];
}
```

2.3　灰度阈值变换

阈值变换即是把灰度图像变换为黑白图像的过程。一般选取阈值 T 为临界值,当灰度值大于 T 时,把灰度值调整为 255(白色),否则把灰度值调整为 0(黑色)。灰度阈值变换的公式为

$$I_{\text{out}}(x,y)=\begin{cases}255 & (I_{\text{in}}(x,y)>T)\\ 0 & (I_{\text{in}}(x,y)\leqslant T)\end{cases} \tag{2.7}$$

图 2.10 给出了灰度阈值变换的一个例子。

(a) 原始图像

(b) 阈值等于128时的阈值变换效果

图 2.10 灰度阈值变换的一个例子

具体程序如下:

```
/*************************************
*函数功能:图像灰度阈值变换
*参数:data—图像数据;m_x—图像的宽;m_y—图像的高;threshold—阈值
*************************************/
voidCMyDIPDoc::funThreshold(unsigned char * data, int m_x, int m_y, int threshold)
{
    int x,y,val;
    double ave,sum=0.0;
        for(x=0;x<m_x;x++)
for(y=0;y<m_y;y++)
//如果(x, y)点的灰度值大于阈值 threshold,则将该点的灰度值置为255,即白色
//否则将该点的灰度值置为0,即黑色
        if(data[y * m_x+x]>threshold)
            data[y * m_x+x]=255;
        else
            data[y * m_x+x]=0;
}
```

2.4 灰度均衡

2.4.1 灰度直方图

灰度直方图是数字图像处理中的一个非常实用的工具,用于评估图像整体的亮度和对比度等情况,并可据此对图像的灰度级进行一定的调整。从数学上来说,图像直方图是图像各灰度值统计特性与图像灰度值的函数,用来统计一幅图像中各个灰度级出现的次数或概率。从图形上来说,它是一个二维图,横坐标表示图像中各个像素点的灰度级,纵坐标表示

各个灰度级上像素点出现的次数或概率，它是图像最基本的统计特征。图 2.11 给出了灰度直方图的一个例子。从图中可以看出，灰度值小于 30 的点（接近黑色）特别少，灰度值大于 250 的点（接近白色）也非常少，灰度级在 64 至 192 之间的点非常多，这也与图像的实际情况相符合。另外，根据灰度直方图的计算过程，从灰度图像得到灰度直方图是不可逆的变换：可以从一幅灰度图像得到它的直方图；反之不能从一个灰度直方图得到原来的灰度图像。这是因为从灰度图像得到直方图的时候，从二维数据变成了一维数据，在维数下降的过程中，很多信息丢失了。另外，两个不同的图像可能对应于同一个灰度直方图，例如，把一个图像旋转 90°之后，直方图不发生变化。

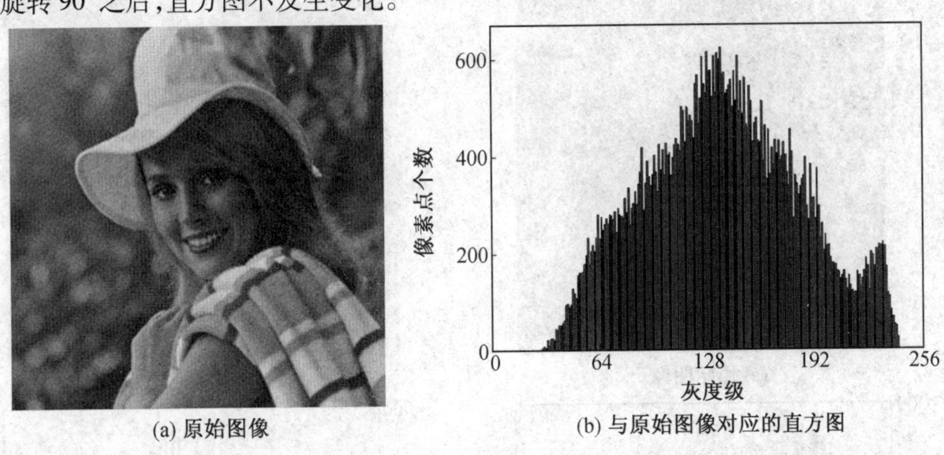

(a) 原始图像　　(b) 与原始图像对应的直方图

图 2.11　灰度直方图的一个例子

2.4.2　直方图均衡化

当灰度图像的直方图分布不均匀时，会导致人眼对图像的视感质量的降低。例如，当直方图主要分布在灰度值低端时，人会感觉图像太暗了；当直方图主要分布在灰度值高端时，人会感觉图像太亮了；当直方图的灰度范围太小时，人会感觉图像缺少亮暗的层次感。如果在每个灰度级上的像素点个数均大致相当，则可以兼顾到亮度、对比度、亮暗层次感等多方面因素，获得较好的视感质量。直方图的均衡化通过把每个灰度级重新映射为另一个灰度级达到上述效果。由于每个灰度级上的像素点个数变化很大，实际上对具体的某一幅图像，很难做到各个灰度级上的像素点个数完全相等。实际的做法是，将各个灰度级上的像素点个数完全相等作为优化的目标，将每个灰度级调整到最接近这个目标的灰度级上。一般采用累加小于或等于某个灰度级的像素点个数的做法。例如，一个图像大小为 100×100 时，小于或等于灰度级 118 的像素点共有 6 000 个，6 000 与图像总的像素点个数（100×100 = 10 000）的比值为 60%，按灰度均衡的思想，该灰度级也应为整个灰度级范围的 60%，由于灰度级的最大值为 255，所以 60%×255 = 153，也就是说，应把最初的灰度级 118 调整为灰度级 153。

可以通过如下算法实现直方图均衡化：

（1）计算一幅图像的灰度直方图，保存在数组 histo 中，由于在后面的步骤中真正需要的是概率密度，所以计算出每个 histo[i]之后再除以图像的像素数，从而保证各个 histo[i]的总和刚好等于 1。

(2)假设 histo2 为用于累加直方图的数组,令 histo2[0]=histo[0]。

(3) i 从 1 到 255,histo2[i]=histo[i]+histo2[i-1]。

(4)用数组 map 保存灰度映射关系:map[i]=histo2[i]*255。

(5)对图像中的各个像素点(x, y),通过公式 I(x, y)= map[I(x, y)]得到各个像素点均衡后的灰度值。

图 2.12 给出了一个灰度直方图均衡化的例子。通过该图可以看到,原始图像偏暗,经过均衡后视感质量提高并且各个灰度级的分布更加均匀。

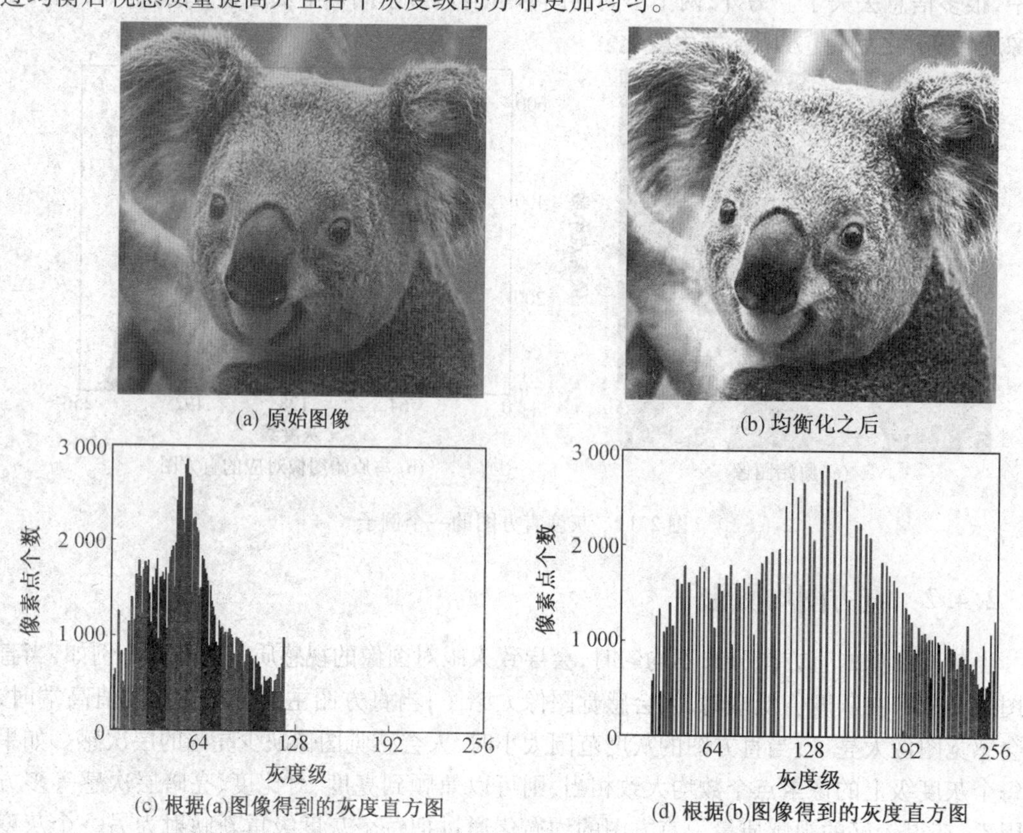

图 2.12 灰度直方图均衡化的一个例子

具体程序如下:

```
/*************************************
 *函数功能:直方图均衡化
 *参数:data—图像数据;m_x—图像的宽;m_y—图像的高
*************************************/
voidCMyDIPDoc::HistoEqual(unsigned char data[], int m_x, int m_y)
{
//map 用于存储灰度级的映射关系
    int i,j,map[256];
//histo 用于存储原始图像的灰度级概率密度,histo2 用于存储 histo 的累加和
    double histo[256],histo2[256];
```

```
//将 histo 初始化为0
    memset(histo,0,256 * sizeof(double));
//根据各个灰度级出现的次数计算灰度级的概率密度
    for(i=0;i<m_x;i++)
        for(j=0;j<m_y;j++)
            histo[data[j * m_x+i]]+=1.0/(m_x * m_y);
//计算概率密度的累加和,并据此计算灰度级的映射关系
    histo2[0]=histo[0];
    map[0]=0;
    for(i=1;i<256;i++)
    {
        histo2[i]=histo[i]+histo2[i-1];
//计算灰度映射,后面加0.5的作用是四舍五入,如果没有这个0.5,就是向下取整
        map[i]=(int)(histo2[i] * 255+0.5);
    }
//将各个灰度级进行映射
    for(i=0;i<m_x;i++)
        for(j=0;j<m_y;j++)
            data[j * m_x+i]=map[data[j * m_x+i]];
}
```

2.4.3 直方图规定化

在实际应用中,希望能够有目的地增强某个灰度区间的图像,即能够人为地修正直方图的形状,使之与期望的形状相匹配,这就是直方图规定化的基本思想。换句话说,希望可以人为地改变直方图形状,使之成为某个特定的形状。直方图规定化就是针对上述要求提出来的一种增强技术,它可以按照预先设定的某个形状来调整图像的直方图。直方图规定化是在运用均衡化原理的基础上,通过建立原始图像和期望图像之间的关系,使原始图像的直方图变成规定的形状。对于不同的图像,每个灰度级上的像素点个数变化很大,一般不可以把同一个灰度级上的各个像素点调整到两个或多个不同的灰度级上,只能把某个灰度的所有像素点都调整到另一个单一灰度上。因此,对具体的某一幅图像,很难做到调整后的分布曲线与目标曲线完全一致,但是可以尽量接近期望直方图。在直方图均衡化时,需要根据概率密度的累加得到原始图像的灰度分布函数和规定直方图的灰度分布函数,然后根据分布函数的比较,将每个灰度级指定为另一个灰度级。例如,一个图像大小为100×100时,小于或等于灰度级118的像素点共有6 000个,6 000与图像总的像素点个数(100×100=10 000)的比值为60%。在根据规定直方图累加得到的分布函数上,灰度级124对应于60%,则需要把最初的灰度级118调整为灰度级124。

直方图规定化一般按如下步骤进行:

(1)计算原始图像的灰度直方图及概率密度。

(2)计算原始图像的概率密度的累加和,即概率分布。

(3)根据给出的规定直方图计算概率密度。

(4)计算规定直方图概率密度的累加和,即概率分布。

(5)在概率分布曲线上为每个原始图像灰度级根据概率相等的原则为每个灰度级指定一个映射的灰度级,生成灰度级映射表;如果没有完全相等的概率值,比较简单的一种方法是查找概率分布曲线上和该值最近的概率值。

(6)根据灰度级映射表,将灰度图像的每个灰度值转换为对应的灰度值。

图2.13给出了直方图规定化示意图。在图2.13中,为求得灰度级R的映射值,首先根据曲线得到S点,即小于或等于灰度级R的点出现的概率,然后在图2.13(d)中找到曲线值相等的T点,再找到T点的横坐标U,则灰度级R被映射为灰度级U。如果曲线为非连续曲线且在2.13(d)中没有完全相等的函数值,则在图2.13(d)中找到最接近的函数值,并以该点的横坐标作为映射的灰度值。对每个灰度级都做上述运算,即得到各个灰度级的映射灰度级。图2.14和图2.15给出了直方图规定化的两个例子。

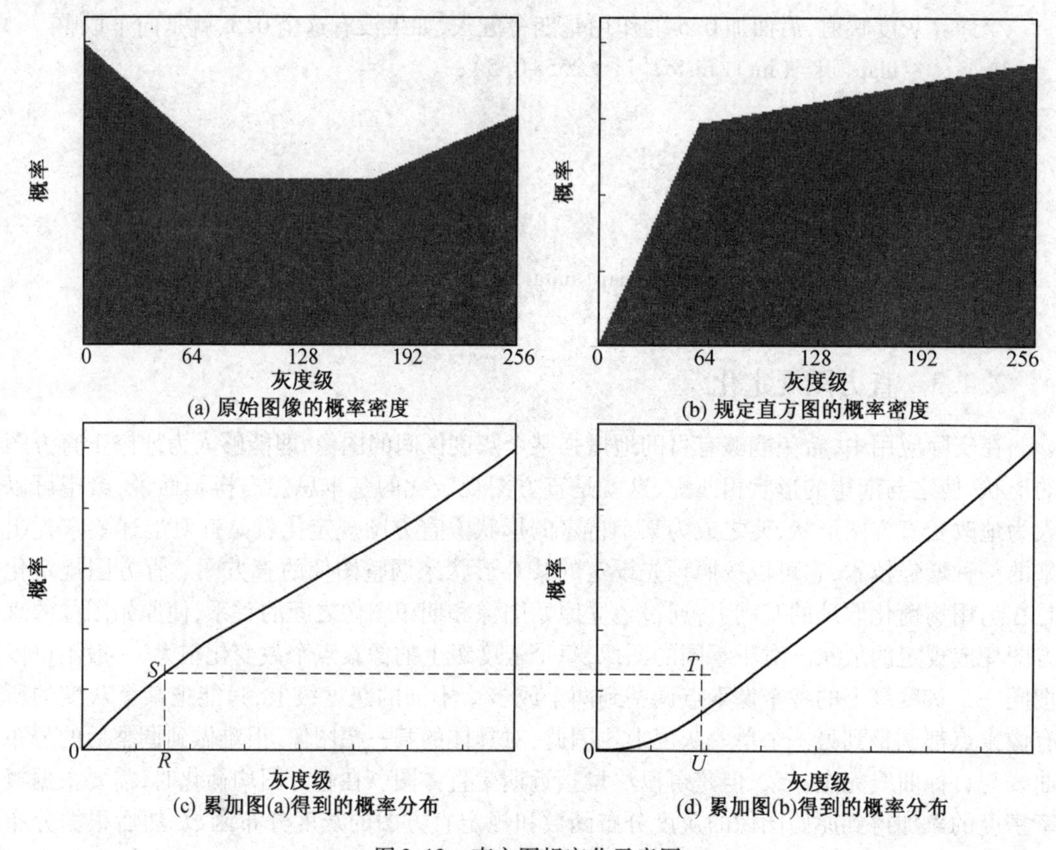

图2.13 直方图规定化示意图

下面通过一个具体的例子说明直方图规定化的计算过程。假设图像大小为200×200,为便于计算,假设共有8个灰度级。表2.1中的各个步骤描述了直方图规定化的计算过程。注意在确定映射关系时,需要找最接近的值,例如,V_1值的第0列(0.1)与V_2值的第2列(0.1)最接近,所以0映射为2;V_1值的第1列(0.325)与V_2值的第4列(0.4)最接近,所以1映射为4。

(a) 原始图像

(b) 直方图规定化的效果

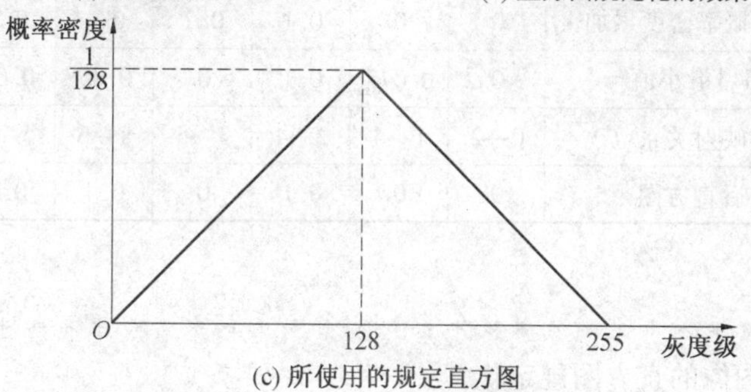

(c) 所使用的规定直方图

图 2.14　直方图规定化的例子 1

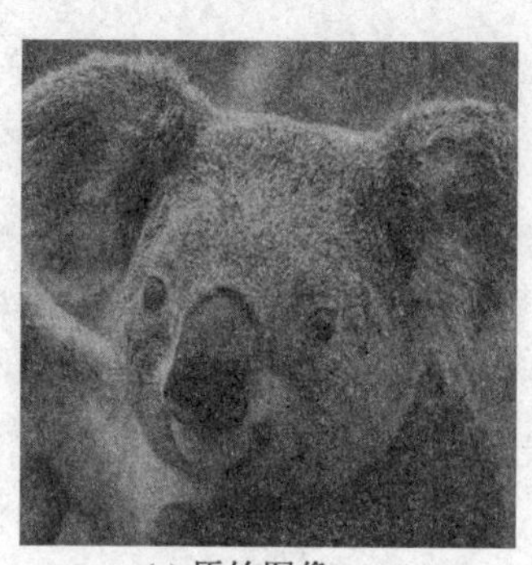

(a) 原始图像

(b) 直方图规定化的效果

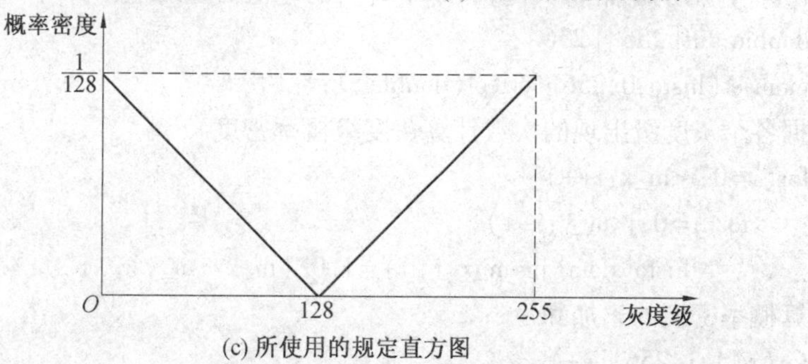

(c) 所使用的规定直方图

图 2.15　直方图规定化的例子 2

表 2.1 灰度直方图规定化计算举例

序号	运　算	步骤和结果							
1	原始图像灰度级	0	1	2	3	4	5	6	7
2	原始直方图各灰度级像素数	4 000	9 000	7 000	8 000	6 000	2 800	2 800	400
3	原始直方图概率密度	0.1	0.225	0.175	0.2	0.15	0.07	0.07	0.01
4	原始直方图概率密度累加 V_1	0.1	0.325	0.5	0.7	0.85	0.92	0.99	1
5	规定直方图	0	0	0.1	0.1	0.2	0.3	0.2	0.1
6	规定直方图概率密度累加 V_2	0	0	0.1	0.2	0.4	0.7	0.9	1
7	$\|V_1-V_2\|$ 最小值	0	0.075	0.1	0	0.05	0.02	0.01	0
8	确定映射关系	0→2	1→4	2→4	3→5	4→6	5→6	6→7	7→7
9	变换后直方图	0	0	0.1	0	0.4	0.2	0.22	0.08

具体程序如下：

```
/**********************************
* 函数功能:图像的直方图规定化
* 参数:data—图像数据;m_x—图像的宽;m_y—图像的高;histoSpec—规定的直方图
**********************************/
voidCMyDIPDoc::histoSpecFunc(unsigned char data[], int m_x, int m_y, double histo-
Spec[])
{
//map 用于存储灰度级的映射关系
    int i,j,index,map[256];
//histo 先用于存储原始图像的直方图概率密度,然后用于存储原始概率密度的累加和
    double min,histo[256];
//histo2 先用于存储规定的直方图概率密度,然后用于存储规定概率密度的累加和
    double histo2[256];
//diff[i][j]用于存储 histo[i]和 histo2[j]的差值的绝对值
    double diff[256][256];
    memset(histo,0,256*sizeof(double));
//根据各个灰度级出现的次数计算灰度级概率密度
    for(i=0;i<m_x;i++)
        for(j=0;j<m_y;j++)
            histo[data[j*m_x+i]]+=1.0/(m_x*m_y);
//计算概率密度的累加和
    for(i=1;i<256;i++)
        histo[i]=histo[i]+histo[i-1];
//把规定的概率密度作为 histo2 的初始值
    for(i=0;i<256;i++)
```

```
            histo2[i]=histoSpec[i];
    //计算概率密度的累加和
        for(i=1;i<256;i++)
            histo2[i]=histo2[i]+histo2[i-1];
    //通过线性调整,使 histo2 的最大值变为 1
        for(i=0;i<256;i++)
            histo2[i]/=histo2[255];
    //存储 histo[i]和 histo2[j]的差值的绝对值
        for(i=0;i<256;i++)
            for(j=0;j<256;j++)
                diff[i][j]=fabs(histo[i]-histo2[j]);
    /* 对于每个 i,找到使 diff[i][j]达到最小的 j 的值,即 index,然后把这个 j 值保存在
map[i]中 */
        for(i=0;i<256;i++)
        {
            min=diff[i][0];
            index=0;
            for(j=1;j<256;j++)
            if(min>diff[i][j])
            {
                min=diff[i][j];
                index=j;
            }
            map[i]=index;
        }
    //根据 map 数组,为每个灰度级重新指定另一个灰度级
        for(i=0;i<m_x;i++)
            for(j=0;j<m_y;j++)
                data[j*m_x+i]=map[data[j*m_x+i]];
    }
```

2.5　本章小结

本章介绍了常用的点运算,包括线性变换、非线性变换和阈值变换。其中线性变换包括反转变换、灰度值常数项调整、对比度调整、分段线性变换等。非线性变换包括幂次变换等。由于点运算不需要考虑与邻近像素点的关系,所以对于 $n\times n$ 大小的图像,时间复杂度通常为 $O(n^2)$。对图像处理来说,这是最低的时间复杂度了。对于处理速度要求较高的场合,可以考虑使用点运算。

有的点运算(例如图 2.5 的分段线性变换,图 2.7 的幂次变换)是可逆变换,即可以通

过变换后的图像再变换回原来的图像。有的点运算(如阈值变换)是不可逆变换,即无法通过变换后的图像再变换回原来的图像。在对比度调整时,如果出现某个点的灰度值小于0时,为防止溢出,将其置为0;如果出现某个点的灰度值大于255时,为防止溢出,将其置为255的情况,则该变换也是不可逆变换;对于计算后小于0或大于255的灰度值,是无法通过逆变换得到原始灰度值的。

第3章

邻域运算

在第2章介绍的各个图像处理的运算，只需考虑像素点本身，不需考虑与相邻像素点的关系。本章介绍的图像滤波、边缘检测等运算，则需要考虑当前像素点与邻近的像素点的关系。

3.1 图像的相关与卷积

在做图像滤波时，会涉及两个非常重要且相近的概念：一个是相关，另一个是卷积。假设为 3×3 的二维数组 w 的每个元素都指定一个值，则这个 3×3 的二维数组 w 就形成了一个滤波器模板。图3.1给出了滤波器模板的一个例子，假设 $w(i, j)$ 代表行列下标分别为 j 和 i 时的数组元素。如图3.2所示，假设 $I(x, y)$ 为图像在 (x, y) 位置处的灰度值，则 (x, y) 周围总共有8个点，加上 (x, y) 本身，共有9个点。对图像中的这9个点和滤波器模板先按照对应位置元素相乘，然后再对各个乘积求和的计算就是相关运算。例如，在图3.2中，$I(x-1, y-1)$ 与 $w(0, 0)$ 相乘，$I(x, y-1)$ 与 $w(0, 1)$ 相乘……$I(x+1, y+1)$ 与 $w(2, 2)$ 相乘。在滤波器模板大小为 3×3 时，相关的计算公式为

$$g(x,y) = \sum_{s=0}^{2} \sum_{t=0}^{2} w(s,t) I(x+s-1, y+t-1) \tag{3.1}$$

更一般的情况，当滤波器模板大小为 $a \times b$ 时，相关的计算公式为

$$g(x,y) = \sum_{s=0}^{a} \sum_{t=0}^{b} w(s,t) I(x+s-\lfloor a/2 \rfloor, y+t-\lfloor b/2 \rfloor) \tag{3.2}$$

卷积运算是指将滤波模板旋转180°，然后再与图像做相关运算。所以，在滤波器模板大小为 3×3 时，卷积的计算公式为

$$c(x,y) = \sum_{s=0}^{2} \sum_{t=0}^{2} w(2-s, 2-t) I(x+s-1, y+t-1) \tag{3.3}$$

更一般的情况，当滤波器模板大小为 $a \times b$ 时，卷积的计算公式为

$$c(x,y) = \sum_{s=0}^{a} \sum_{t=0}^{b} w(a-1-s, b-1-t) I(x+s-\lfloor a/2 \rfloor, y+t-\lfloor b/2 \rfloor) \tag{3.4}$$

如果滤波器模板是关于中心对称的，则有

$$w(a-1-s, b-1-t) = w(s,t) \tag{3.5}$$

所以，当滤波器模板对称时，相关运算的结果和卷积运算的结果是相同的；当滤波器模板不

对称时,二者的结果一般情况下是不相同的。卷积和相关有很多用途,例如,当模板大小为 3×3 且模板中的每个元素均为 1/9 时,卷积/相关运算相当于计算以各个像素点为中心的 3×3 区域内 9 个像素点的灰度平均值。

w(0, 0)	w(1, 0)	w(2, 0)
w(0, 1)	w(1, 1)	w(2, 1)
w(0, 2)	w(1, 2)	w(2, 2)

(a) 滤波器模板各个点的数组下标

1	6	3
2	5	7
8	9	4

(b) 指定值之后的滤波器模板的例子

图 3.1 滤波器模板的一个例子

I(x−1, y−1)	I(x, y−1)	I(x+1, y−1)
I(x−1, y)	I(x, y)	I(x+1, y)
I(x−1, y+1)	I(x, y+1)	I(x+1, y+1)

(a) 图像局部3×3像素区域

w(0, 0)	w(0, 1)	w(0, 2)
w(1, 0)	w(1, 1)	w(1, 2)
w(2, 0)	w(2, 1)	w(2, 2)

(b) 滤波器模板各个点的数组下标

图 3.2 滤波器模板与图像的相对位置关系(空间位置上一一对应)

3.2 图像平滑滤波

图像平滑滤波是指对每个像素点,用邻近若干像素点求灰度均值,并用该灰度均值替换该像素点灰度值的图像处理算法。平滑滤波能够减弱图像中的噪声,但是也会使图像的边缘部分变得模糊。平滑滤波包括均值滤波、高斯滤波和中值滤波等。

3.2.1 均值滤波与高斯滤波

在一个均值滤波模板中,各个点的值相等,且各个点的值的总和正好等于 1。均值滤波的基本原理是用邻近区域内灰度均值代替原图像中的各个灰度值,即对待处理的当前像素点 (x, y),使模板中心与 (x, y) 重合,求模板中所有像素灰度值的均值,再把该均值赋予当前像素点 (x, y)。假设滤波器模板大小为 $(2m+1)\times(2m+1)$,则均值滤波可以用下面的公式表示为

$$g(x,y)=\frac{1}{(2m+1)^2}\sum_{s=-m}^{m}\sum_{t=-m}^{m}I(x+s,y+t) \tag{3.6}$$

由于在均值滤波时用若干个点的灰度均值替代当前点的灰度均值,所以能大大地减弱噪声。图 3.3 给出了不同大小模板时均值滤波的结果。从图 3.3 可以看出,随着模板增大,去除噪声的效果更加明显,但是图像的细节信息也随着模板的增大而丢失很多。

另外一种常用的平滑滤波是高斯滤波,在高斯滤波中,不再为滤波模板的各个元素指定相同的权重系数,距离当前点越近,则权重系数越大,权重系数由二维高斯分布函数产生。假设 $w(x, y)$ 为滤波模板,则

$$w(x,y)=\frac{1}{2\pi\sigma^2}e^{-\frac{x^2+y^2}{2\sigma^2}} \tag{3.7}$$

其中标准差 σ 反映了函数值衰减的速度:当 σ 较大时,随着 x^2+y^2 的增加,$w(x, y)$ 的值缓慢地减少;当 σ 较小时,随着 x^2+y^2 的增加,$w(x, y)$ 的值快速地减少。高斯平滑滤波由于为较近的邻近点指定了较大的权重系数,为较远的邻近点指定了较小的权重系数,因此,较

(a) 原始图像　(b) 模板大小为3×3的均值滤波效果

(c) 模板大小为5×5的均值滤波效果　(d) 模板大小为9×9的均值滤波效果

图 3.3　不同模板大小时均值滤波的效果

近的邻近点对当前点的灰度值的影响会更大。另外,它对图像信息的破坏要比均值滤波弱一些。

具体程序如下:

```
/* * * * * * * * * * * * * * * * * * * * * * * * * * * * * * * * * * * * *
 * 函数功能:均值滤波
 * 参数:image—图像数据;m_x—图像的宽;m_y—图像的高;scale—用来定义模板大小
 * 模板的宽和高实际为 scale×2+1
 * * * * * * * * * * * * * * * * * * * * * * * * * * * * * * * * * * * * */
void CDIPDoc::averageFilter(unsigned char *image, int m_x, int m_y, int scale)
{
    unsigned char *buf;
    int x,y,u,v,count;
    if(scale<1 || scale>30)  //假设均值滤波模板的大小小于 30×30
        return;
//为临时缓冲区分配空间
    buf=new unsigned char [m_x*m_y];
    double sum;
```

```
//将图像数据拷贝到临时缓冲区
    memcpy(buf,image,m_x * m_y);
    for(x=0;x<m_x;x++)
        for(y=0;y<m_y;y++)
        {
/*图像四周边界处的像素点在做均值滤波时可能会越界,因此,一方面只处理没有越界的点,另一方面因为要求均值,所以需要统计未越界的点的个数*/
//count 用于存储模板范围内的未越界的点的个数
            count=0;
//sum 用于存储模板范围内的未越界的点的灰度值之和
            sum=0.0;
                for(u=-scale;u<=scale;u++)
                    for(v=-scale;v<=scale;v++)
                    if(x+u+scale>-1 && x+u+scale<m_x && y+v+scale>-1
                    && y+v+scale<m_y)
                    {
                        sum+=buf[(y+v+scale) * m_x+(x+u+scale)];
                        count++;
                    }
//求灰度值的平均值
                sum/=count;
                image[y * m_x+x]=(int)(sum+0.5);//加0.5 的目的是四舍五入
            }
//释放临时缓冲区空间
    delete [ ]buf;
}
```

3.2.2 中值滤波

在中值滤波方法中,首先选择以各个像素点为中心的一个窗口,窗口大小可以是3×3、5×5、7×7等,然后把窗口内的各个像素点的灰度值在一维空间内进行排序,并用排序后位于中间位置的灰度值替换当前点的灰度值。例如,在图3.4的例子中,对图3.4(a)的9个灰度值排序后为118、166、168、183、185、187、188、190、192,排在中间位置的为185,所以,经过中值滤波后,118变为185。对于有明显噪声的图像,如椒盐噪声图像,由于噪声点的灰度值会明显高于或低于附近的像素点灰度值,在中值滤波时,对像素点灰度值排序后,噪声点一般不会排在中间位置,故可以通过中值滤波去除噪声。需要注意的是,不能直接对图像数据本身做中值滤波,因为这会影响后面还未处理的像素点。一般是从原始图像读取数据,把中值滤波的结果放在一个缓冲区中,在所有像素点都完成中值滤波后,再把缓冲区中的数据复制到原始数据区域。

图3.5给出了中值滤波的一个例子。通过观察发现,随着窗口变大,中值滤波去除噪声

187	168	183
188	118	166
192	190	185

(a) 中值滤波前

	185	

(b) 中值滤波后

图 3.4 图像局部区域中值滤波的一个例子

的效果逐渐加强。但是随着窗口变大,图像的很多细节已经丢失,图像变得逐渐模糊。因此,中值滤波的窗口不是越大越好,也不是越小越好,而要综合考虑去除噪声的效果和使图像变模糊这两方面的因素。

(a) 原始图像

(b) 窗口大小为3×3的中值滤波效果

(c) 窗口大小为5×5的中值滤波效果

(d) 窗口大小为9×9的中值滤波效果

图 3.5 不同窗口大小时中值滤波的效果

具体程序如下:

```
/*************************************
 *函数功能:中值滤波
 *参数:image—图像数据;m_x—图像的宽;m_y—图像的高;scale—用来定义模板大小,
 *模板的宽和高实际为 scale×2+1
 *************************************/
void CDIPDoc::medianFilter(unsigned char *image, int m_x, int m_y, int scale)
{
    unsigned char *buf;
```

```
        int x,y,u,v;
        if( scale<1 || scale>30)  //假设中值滤波模板的大小小于30×30
            return;
    //为临时缓冲区分配空间
        buf=new unsigned char [m_x * m_y];
        int count,mid;
        unsigned char data[1000];
    //将图像数据拷贝到临时缓冲区
        memcpy(buf,image,m_x * m_y);
        for(x=0;x<m_x;x++)
            for(y=0;y<m_y;y++)
            {
    /*图像四周边界处的像素点在做中值滤波时可能会越界,因此,一方面只处理没有越
界的点,另一方面因为要求均值,所以需要统计未越界的点的个数*/
    //count用于存储模板范围内未越界的点的个数
                count=0;
                for(u=-scale;u<=scale;u++)
                    for(v=-scale;v<=scale;v++)
                    if(x+u+scale>-1 && x+u+scale<m_x && y+v+scale>-1
                    && y+v+scale<m_y)
    //将各个点的灰度值保存到data数组
                        data[count++]=buf[(y+v+scale) * m_x+(x+u+scale)];
    //对data数组中的数据进行排序
                sort(data,count);
    //排序后的data数组的中间数据赋值给图像数据image
                image[y * m_x+x]=data[count/2];
            }
    //释放临时缓冲区空间
        delete []buf;
    }

    /*************************************
    *函数功能:对data中的前n个数据排序,中值滤波调用此函数
    *参数:data—待排序的数据和排序后的数据;n—数据个数
    *说明:先用data存储排序前的数据,排序后,再用data存储排序后的数据
    *************************************/
    void CDIPDoc::sort(unsigned char data[],int n)
    {
        int temp,i,j,min,minIndex;
```

```
    for(i=0;i<n-1;i++)
    {
//min 用于保存第 i 个最小值,初始值为 data[i]
        min=data[i];
//minIndex 用于保存最小值在数组 data 中的下标
        minIndex=i;
//在 data 数组下标 i+1 到 n-1 的范围内找最小值
        for(j=i+1;j<n;j++)
            if(data[j]<min)
            {
/* 如果有某个值比当前最小值还小,则更新最小值 min 和最小值所在的数组下标
minIndex */
                min=data[j];
                minIndex=j;
            }
//数组的第 i 个数据和第 minIndex 个数据做交换
        temp=data[i];
        data[i]=data[minIndex];
        data[minIndex]=temp;
    }
}
```

3.3 边缘检测

边缘一般是指物体边界,对于灰度图像,边缘是指亮暗变化剧烈的局部区域。边缘检测可以用于检测图像中的物体、提取图像边缘等用途,一般可以通过一阶和二阶导数来实现图像的边缘检测。常用的边缘检测算子包括2×2 邻域算子(例如梯度算子和 Roberts 算子)和3×3 邻域算子(如 Sobel 算子、Prewitt 算子和拉普拉斯算子)。

3.3.1 2×2 邻域边缘检测

梯度算子和 Roberts 算子都是 2 × 2 邻域的算子,其中梯度算子是根据水平方向上相邻两点灰度值做差和垂直方向上相邻两点灰度值做差得到,而 Roberts 算子是根据 2 × 2 邻域内两个对角线上的点各自做差得到。假设 $I(x,y)$ 为像素点(x,y) 的灰度值,则使用 Roberts 算子的边缘检测公式为

$$G(x,y) = |I(x+1,y) - I(x,y)| + |I(x,y+1) - I(x,y)| \tag{3.8}$$

使用 Roberts 算子的边缘检测公式为

$$R(x,y) = |I(x+1,y+1) - I(x,y)| + |I(x,y+1) - I(x+1,y)| \tag{3.9}$$

在对每个点(x,y) 都计算 $G(x,y)$ 之后,$G(x,y)$ 就构成了一幅图像。在这个图像中,边缘区域由于 $G(x,y)$ 值比较大,因此会以高亮度显示;而非边缘区域由于 $G(x,y)$ 值比较小,

因此会以低亮度显示。类似地，$R(x,y)$ 也构成了一幅图像，在这个图像中，边缘区域由于 $R(x,y)$ 值比较大，因此会以高亮度显示；而非边缘区域由于 $R(x,y)$ 值比较小，因此会以低亮度显示。在显示 $G(x,y)$ 和 $R(x,y)$ 时，可能会有图像过亮或过暗的问题，因此，有时候在计算 $G(x,y)$ 和 $R(x,y)$ 时会乘以一个系数来避免图像过亮或过暗。另外，在计算 $G(x,y)$ 和 $R(x,y)$ 时，如果出现大于 255 的情况，为了防止溢出，应把 255 作为最终的计算结果。

3.3.2 3×3 邻域边缘检测

Sobel 算子是图像处理中的算子之一，它是一种离散性差分算子，用来运算图像亮度函数的梯度近似值。该算子包含两组矩阵，分别为横向及纵向，将之与图像做平面卷积，即可分别得出横向及纵向的亮度差分近似值。在图像的任何一点使用此算子，将会产生对应的梯度矢量。以 $\boldsymbol{I}$ 代表原始图像，$\boldsymbol{G}_x$ 及 $\boldsymbol{G}_y$ 分别代表经横向及纵向边缘检测的图像，其计算公式为

$$\boldsymbol{G}_x = \begin{pmatrix} -1 & 0 & 1 \\ -2 & 0 & 2 \\ -1 & 0 & 1 \end{pmatrix} * \boldsymbol{I}, \quad \boldsymbol{G}_y = \begin{pmatrix} 1 & 2 & 1 \\ 0 & 0 & 0 \\ -1 & -2 & -1 \end{pmatrix} * \boldsymbol{I} \tag{3.10}$$

图像的每一个像素的梯度大小为

$$G = \sqrt{G_x^{\ 2} + G_y^{\ 2}} \tag{3.11}$$

梯度的方向为

$$\theta = \arctan(G_y/G_x) \tag{3.12}$$

Prewitt 边缘检测算子与 Sobel 算子类似，但是各个点的权重系数有所不同。以 $\boldsymbol{I}$ 代表原始图像，$\boldsymbol{G}_x$ 及 $\boldsymbol{G}_y$ 分别代表经横向及纵向边缘检测的图像，其计算公式为

$$\boldsymbol{G}_x = \begin{pmatrix} -1 & 0 & 1 \\ -1 & 0 & 1 \\ -1 & 0 & 1 \end{pmatrix} * \boldsymbol{I}, \quad \boldsymbol{G}_y = \begin{pmatrix} 1 & 1 & 1 \\ 0 & 0 & 0 \\ -1 & -1 & -1 \end{pmatrix} * \boldsymbol{I} \tag{3.13}$$

拉普拉斯边缘检测算子有两种，一种是四邻域的，另一种是八邻域的。与 Sobel 算子和 Prewitt 算子相比，拉普拉斯边缘检测算子不需要对 x 和 y 两个方向分别计算，对每个像素点只需要计算一次卷积。

四邻域拉普拉斯边缘检测公式为

$$\boldsymbol{G} = \begin{pmatrix} 0 & 1 & 0 \\ 1 & -4 & 1 \\ 0 & 1 & 0 \end{pmatrix} * \boldsymbol{I} \tag{3.14}$$

八邻域拉普拉斯边缘检测公式为

$$\boldsymbol{G} = \begin{pmatrix} 1 & 1 & 1 \\ 1 & -8 & 1 \\ 1 & 1 & 1 \end{pmatrix} * \boldsymbol{I} \tag{3.15}$$

图 3.6 给出了使用边缘检测算子做图像边缘检测的例子。从图中可以看出，Sobel 边缘检测和 Prewitt 边缘检测的结果比较接近，但是 Sobel 边缘检测和拉普拉斯边缘检测有较大差别。在头发区域，拉普拉斯方法则检测到了更明显的边缘信息。造成这种差别的原因是 Sobel 算子检测横坐标或纵坐标相差 2 的点的灰度差，而拉普拉斯算子检测横纵坐标相差 1

时的灰度差。因此,Sobel 算子对较宽的边缘更敏感,而拉普拉斯算子对较窄的边缘更敏感。

(a) 原始图像　(b) Sobel边缘检测结果

(c) Prewitt边缘检测结果　(d) 拉普拉斯边缘检测结果

图 3.6　使用边缘检测算子做图像边缘检测的例子

具体程序如下:

```
/* * * * * * * * * * * * * * * * * * * * * * * * * * * * * * * * * * * * *
 * 函数功能:基于 Sobel 算子的边缘检测
 * 参数:ImageInput—输入的原始图像;ImageOutput—输出的边缘检测后的图像;
 *        m_x—图像的宽;m_y—图像的高
 * * * * * * * * * * * * * * * * * * * * * * * * * * * * * * * * * * * * */
voidCMyDIPDoc::EdgeSobel( unsigned char * ImageInput, unsigned char * ImageOutput,
int m_x, int m_y)
{
    int x,y,i,j,sum1,sum2;
//为两个方向的卷积模板 Sobel1 和 Sobel2 赋值
    int Sobel1[3][3]={-1,0,1,-2,0,2,-1,0,1};
    int Sobel2[3][3]={-1,-2,-1,0,0,0,1,2,1};
    for(x=1;x<m_x-1;x++)
        for(y=1;y<m_y-1;y++)
        {
```

```
/*对各个像素点计算其是否为边缘,sum1 和 sum2 的初值为 0,分别用于存储两个方向的卷积结果*/
            sum1=0;
            sum2=0;
            for(i=-1;i<=1;i++)
                for(j=-1;j<=1;j++)
                {
                    sum1+=ImageInput[(y+j)*m_x+x+i]*Sobel1[j+1][i+1];
                    sum2+=ImageInput[(y+j)*m_x+x+i]*Sobel2[j+1][i+1];
                }
    //对两个方向的卷积结果取绝对值
            sum1=labs(sum1);
            sum2=labs(sum2);
    //为防止显示边缘的时候溢出,如果 sum1 或者 sum2 大于 255,将其赋值为 255
    //因为图像是 256 灰度级,灰度级的最大值可以达到 255
            if(sum1>255)
                sum1=255;
            if(sum2>255)
                sum2=255;
    //取 sum1 和 sum2 中较大者作为该点的边缘检测结果
            if(sum1>sum2)
                ImageOutput[y*m_x+x]=sum1;
            else
                    ImageOutput[y*m_x+x]=sum2;
        }
}
```

3.4 本章小结

本章首先介绍了图像的相关与卷积的概念,二者相似但不相同。其次介绍了图像的平滑滤波,平滑滤波分为均值滤波和高斯滤波。均值滤波采用若干邻近点的灰度均值替换原来的灰度值,而高斯滤波则是先用二维高斯分布函数产生滤波模板,再用该模板与图像做卷积。然后介绍了中值滤波,中值滤波是用若干邻近点的灰度值的中间值替换当前点的灰度值,能更有效地去除噪声。最后介绍了边缘检测,包括 2×2 邻域的边缘检测(梯度算子和 Roberts 算子)和 3×3 邻域的边缘检测(Sobel 算子、Prewitt 算子和拉普拉斯算子)。

第4章 几何变换

4.1 图像缩放

图像的缩放是指线性缩小或放大输入图像得到相应的输出图像。假设图像的缩放系数为s,输入图像的一个点的坐标为(x_0, y_0),经过缩放后,与输出图像的坐标为(x, y)的点对应,则有

$$\begin{cases} x = x_0 \times s \\ y = y_0 \times s \end{cases} \tag{4.1}$$

采用公式(4.1)计算坐标时,是根据输入图像的坐标计算输出图像的坐标,这种映射方式也称为向前映射。这组映射方式具有比较明显的缺点。以图像缩放系数$s = 2$为例,此时,会把图像的大小变为原来的2倍,当x_0的值为0,1,2,3,…时,x的值分别为0,2,4,6,…,我们发现输出图像的x坐标为奇数时,没有对应于任何输入图像的点,显然,这个结果是错误的。为了避免上述错误,一般把公式(4.1)写为另一种等价形式,即

$$\begin{cases} x_0 = x/s \\ y_0 = y/s \end{cases} \tag{4.2}$$

在公式(4.2)中,根据输出图像的坐标计算输入图像的坐标,这种映射方式也称为向后映射。由于此公式能对输出图像的各个坐标分别进行计算,因此不会有漏掉的像素点。所以,在图像缩放时,更常用的是向后映射。

在使用公式(4.2)计算x_0和y_0时,不可避免地会出现浮点数,例如,经过计算后(x_0, y_0)的值为(8.7, 46)。由于像素点是离散排列的,仅在整数坐标位上有像素点,因此,必须把(8.7, 46)对应到某个或某些整数坐标上。由于浮点数坐标是"插入"到整数坐标之间的,所以这种算法一般被称为"插值算法"。最简单的插值算法是最邻近插值法,它的基本思想是把浮点数坐标按四舍五入的规则映射到距离它最近的整数坐标上,例如把坐标(8.7, 46)映射到坐标(9, 46)。

图4.1给出了一个图像缩小的例子,原始图像大小为260×136,经过缩小后宽和高变为原来的70%,即184×95。由图4.1(b)发现,有两条水平线和两条垂直线消失了,造成这种现象的原因是把输出图像的各个像素点坐标作为计算输入,把对应的输入图像坐标作为输出,这就导致了原始图像中只有184×95个像素点映射到了输出的图像中,有260－184=76

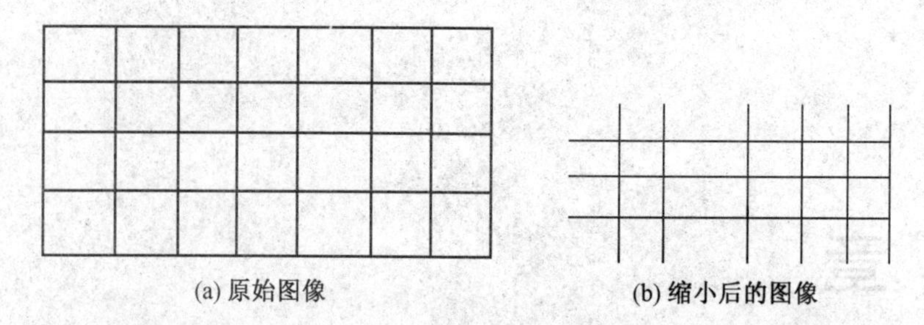

图 4.1　图像缩小的例子(缩放系数为 0.7，插值算法为最邻近插值法)

列、136 - 95 = 41 行并没有映射到输出图像中，造成信息丢失。为避免信息丢失，应该使用更有效的插值方法，如双线性插值。双线性插值的细节效果要明显好于最邻近插值。以坐标(8.7, 46)为例，它位于(8, 46)和(9, 46)之间，且更接近于(9, 46)。在计算(8.7, 46)时，同时参考(8, 46)的灰度值和(9, 46)的灰度值显然更合理，并且因为距离(9, 46)更近一些，所以(9, 46)的灰度值的权重系数大一些更合理。取出 8.7 的小数部分 0.7，把 1 - 0.7 作为(8, 46)的灰度值的权重系数，把 0.7 作为(9, 46)的权重系数显然更合理。对于横纵坐标都为浮点数的情况，例如(8.7,46.4)，则需要对横纵坐标分别按上述方法进行处理，由于横、纵坐标都是按线性方程计算的，所以该插值算法称为双线性插值。点(8.7,46.4)位于四个点(8,46)、(9,46)、(8,47)和(9,47)之间，因此，(8.7,46.4)的灰度级由上述四个像素点的灰度级共同决定是比较合理的做法，并且距离越近，在计算时的权重系数应该越大。图 4.2 给出了双线性插值示意图，假设水平坐标的小数部分为 s(例如(8.7,46.4)中的 0.7)，垂直坐标的小数部分为 t(例如(8.7,46.4)中的 0.4)；假设周围四个点的灰度值分别为 v_1、v_2、v_3 和 v_4，为计算目标点的灰度值 f，首先计算 f 在左、右两侧投影点的灰度值 f_1 和 f_2，然后再由 f_1 和 f_2 计算 f。计算 f_1 和 f_2 的公式分别为

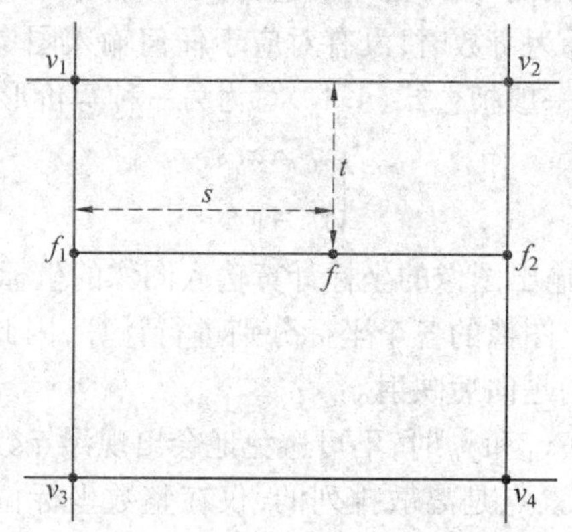

图 4.2　双线性插值示意图

$$f_1 = v_1 \times (1 - t) + v_3 \times t \tag{4.3}$$

$$f_2 = v_2 \times (1 - t) + v_4 \times t \tag{4.4}$$

再由 f_1 和 f_2 计算 f 有

$$f = f_1 \times (1 - s) + f_2 \times s \tag{4.5}$$

展开后有

$$f = v_1 \times (1 - t) \times (1 - s) + v_2 \times (1 - t) \times s + v_3 \times t \times (1 - s) + v_4 \times t \times s \tag{4.6}$$

图 4.3 给出了一个双线性插值缩放的例子。与图 4.1 相对比,发现并没有出现黑线丢失的现象,这说明原始图像的各个像素点都参与到计算中,这也与理论分析的结果相吻合。

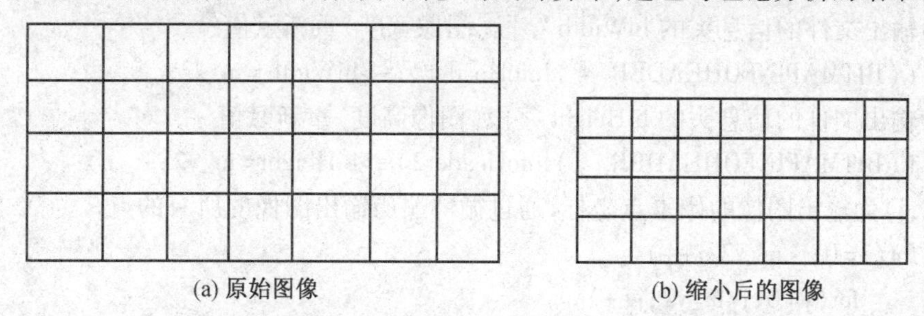

(a) 原始图像　　(b) 缩小后的图像

图 4.3　双线性插值缩放的例子(缩放系数为 0.7, 插值算法为双线性插值)

下列程序中的函数实现了采用最邻近插值法的图像缩放功能。需要注意的是,FileHeader2、InfoHeader2、Image2、m_x2、m_y2 这五个参数在函数调用前不需要赋初始值,在函数内部,会给这五个参数赋值。

```
/*******************************************
 * 函数功能:采用最邻近插值法的图像缩放
 * 参数:scale—缩放比例系数;FileHeader—原始图像的文件头;InfoHeader—原始图像
       的信息头和调色板;Image—原始图像的图像数据;m_x—图像的宽;m_y—图像
       的高;FileHeader2—输出图像的文件头;InfoHeader2—输出图像的信息头和调
       色板;Image2—输出图像的图像数据;m_x2—输出图像的宽;m_y2—输出图像
       的高
*******************************************/
void CMyDIPDoc::ImageScaleInaccuracy(double scale, unsigned char * FileHeader, unsigned char * InfoHeader, unsigned char * Image, int m_x, int m_y, unsigned char * FileHeader2, unsigned char * InfoHeader2, unsigned char * &Image2, int &m_x2, int &m_y2)
{
    int i,j,newX,newY;
    m_x2=scale*m_x+0.5;//缩放后的图像宽度,加 0.5 是为了四舍五入
    m_y2=scale*m_y+0.5;//缩放后的图像高度,加 0.5 是为了四舍五入
    if(m_x2%4! =0)/*如果缩放后图像的宽度不是 4 的整数倍,将宽度调整为 4 的整数倍*/
        m_x2+=4-(m_x2%4);
    Image2=new unsigned char [m_x2*m_y2];/*为输出图像的图像数据 Image2 分配空间*/
  //将原始图像的文件头拷贝到输出图像的文件头
    memcpy(FileHeader2,FileHeader,14);
  //为输出文件的文件头的 bfSize 字段(BMP 图像文件的大小)重新赋值
  /*下面的 m_x2*m_y2、14、40 和 1024 分别为图像数据、文件头、信息头和调色板的长度*/
    ((BITMAPFILEHEADER *)FileHeader2)->bfSize=m_x2*m_y2+14+40+1024;
```

```
//将原始图像的信息头和调色板拷贝到输出图像的信息头与调色板
    memcpy(InfoHeader2,InfoHeader,40+1024);
//为输出文件的信息头的 biWidth 字段(图像宽度)重新赋值
    ((BITMAPINFOHEADER *)InfoHeader2)->biWidth=m_x2;
//为输出文件的信息头的 biHeight 字段(图像高度)重新赋值
    ((BITMAPINFOHEADER *)InfoHeader2)->biHeight=m_y2;
//(i,j)为输出图像的像素点坐标,通过循环遍历输出图像的所有的点
    for(i=0;i<m_x2;i++)
        for(j=0;j<m_y2;j++)
        {
//计算映射到原始图像的横坐标,加 0.5 是为了四舍五入
            newX=i/scale+0.5;
//计算映射到原始图像的纵坐标,加 0.5 是为了四舍五入
            newY=j/scale+0.5;
//当 scale 大于或等于 2 时,newX 和 newY 的最后一个值会越界,所以需要先进行判断
            if(newX<m_x && newY<m_y)
                Image2[j*m_x2+i]=Image[newY*m_x+newX];
        }
}
/**************************************
*函数功能:采用最邻近插值法的图像缩放
*参数:scale—缩放比例系数;FileHeader—原始图像的文件头;InfoHeader—原始图像
*     的信息头和调色板;Image—原始图像的图像数据;m_x—图像的宽;m_y—图像
*     的高;FileHeader2—输出图像的文件头;InfoHeader2—输出图像的信息头和调
*     色板;Image2—输出图像的图像数据;m_x2—输出图像的宽;m_y2—输出图像
*     的高
**************************************/
void CMyDIPDoc::ImageScaleInterpolation(double scale, unsigned char *FileHeader, unsigned char *InfoHeader, unsigned char *Image, int m_x, int m_y, unsigned char *FileHeader2, unsigned char *InfoHeader2, unsigned char * &Image2, int &m_x2, int &m_y2)
{
    int i,j;
    double newX,newY;
    double v1,v2,v3,v4;
    int x1,x2,y1,y2;
    double s,t;
    m_x2=scale*m_x+0.5;//缩放后的图像宽度,加 0.5 是为了四舍五入
    m_y2=scale*m_y+0.5;//缩放后的图像高度,加 0.5 是为了四舍五入
    if(m_x2%4!=0)/*如果缩放后图像的宽度不是 4 的整数倍,将宽度调整为 4 的
```

```
整数倍*/
            m_x2+=4-(m_x2%4);
        Image2=new unsigned char [m_x2*m_y2];/*为输出图像的图像数据 Image2 分
配空间*/
    //将原始图像的文件头拷贝到输出图像的文件头
        memcpy(FileHeader2,FileHeader,14);
    //为输出文件的文件头的 bfSize 字段(BMP 图像文件的大小)重新赋值
    /*下面的 m_x2*m_y2、14、40 和 1024 分别为图像数据的长度、文件头的长度、信息头
的长度和调色板的长度*/
        ((BITMAPFILEHEADER *)FileHeader2)->bfSize=m_x2*m_y2+14+40+1024;
    //将原始图像的信息头和调色板拷贝到输出图像的信息头与调色板
        memcpy(InfoHeader2,InfoHeader,40+1024);
    //为输出文件的信息头的 biWidth 字段(图像宽度)重新赋值
        ((BITMAPINFOHEADER *)InfoHeader2)->biWidth=m_x2;
    //为输出文件的信息头的 biHeight 字段(图像高度)重新赋值
        ((BITMAPINFOHEADER *)InfoHeader2)->biHeight=m_y2;
    //(i,j)为输出图像的像素点坐标,通过循环遍历输出图像的所有点
    for(i=0;i<m_x2;i++)
        for(j=0;j<m_y2;j++)
        {
            newX=i/scale;//计算映射到原始图像的横坐标(浮点数)
            newY=j/scale;//计算映射到原始图像的纵坐标(浮点数)
            x1=newX;//周围四个整数坐标点之中的左侧点的横坐标
            y1=newY;//周围四个整数坐标点之中的上侧点的纵坐标
            x2=newX+1;//周围四个整数坐标点之中的右侧点的横坐标
            y2=newY+1;//周围四个整数坐标点之中的下侧点的纵坐标
            s=newX-x1;//计算 newX 的小数部分
            t=newY-y1;//计算 newY 的小数部分
    //得到(newX, newY)周围四个像素点的灰度值:v1、v2、v3 和 v4
            v1=Image[y1*m_x+x1];
            v2=Image[y1*m_x+x2];
            v3=Image[y2*m_x+x1];
            v4=Image[y2*m_x+x2];
    //通过加权求和计算像素点(i,j)的灰度值
            Image2[j*m_x2+i]=v1*(1-t)*(1-s)+v2*(1-t)*s+v3*t*(1-s)+v4*
t*s;
        }
    }
```

4.2 图像旋转

图像旋转是指图像以某个点为中心,使图像整体旋转一定的角度。在指纹识别、印章真伪鉴别、医学图像处理、视觉特效等领域,均需要对图像进行旋转。在任意给定一个旋转角度时,像素点的坐标已经不能通过简单的加减运算获得,而需要经过复杂的数学运算获得。下面分别介绍图像旋转90°、180°和任意角度的方法。

4.2.1 逆时针旋转90°

假设要实现图像逆时针旋转90°,如图4.4所示,对于原始图像中的任意一点(i, j),经过旋转90°之后,i刚好变成了纵坐标。由于原始图像纵坐标的取值范围为从0到m_y-1,所以m_y-1-j即为该点旋转后的横坐标。由于在旋转过程中每个像素点刚好都能映射到整数坐标上,因此不需要插值操作。另外,由于旋转后图像的宽和高正好是互换的,因此需要对旋转后图像的信息头中的宽和高做相应的修改。图4.5给出了图像逆时针旋转90°的一个例子。

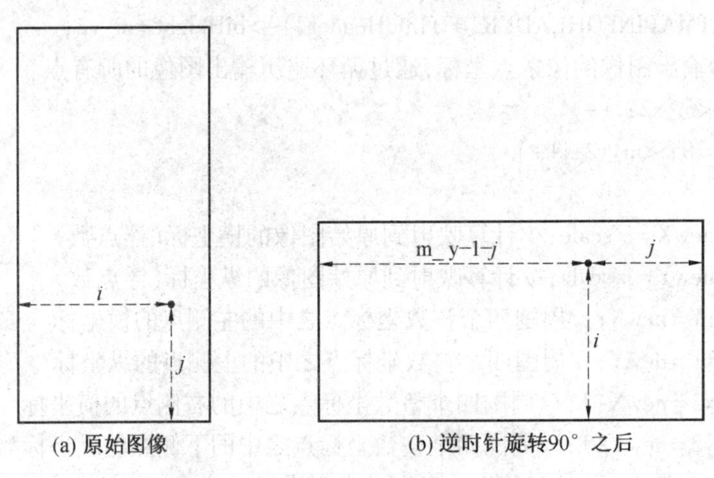

图4.4 图像逆时针旋转90°示意图

具体程序如下:

```
/******************************************
 *函数功能:图像逆时针旋转90°
 *参数:InfoHeader—图像的信息头;Image—图像数据;m_x—图像的宽;m_y—图像的高
******************************************/
//因图像旋转后其宽和高一般会发生变化,所以m_x和m_y设置为引用型参数
void CMyDIPDoc::ImgRotClk(unsigned char * InfoHeader, unsigned char * Image, int &m_x, int &m_y)
{
    int i,j;
//定义临时存储空间的指针
```

(a) 原始图像

(b) 逆时针旋转90°后

图4.5 图像逆时针旋转90°的一个例子

```
    unsigned char * ImageTemp;
//分配临时存储空间
    ImageTemp=new unsigned char [m_x * m_y];
    for(i=0;i<m_x;i++)
        for(j=0;j<m_y;j++)
//逆时针旋转90°
            ImageTemp[(i) * m_y+(m_y-1-j)]=Image[j * m_x+i];
    memcpy(Image,ImageTemp,m_x * m_y);
//释放临时存储空间
    delete [ ]ImageTemp;
//改变信息头中图像的宽度和高度
    ((BITMAPINFOHEADER *)infoheader)->biWidth=m_y;
    ((BITMAPINFOHEADER *)infoheader)->biHeight=m_x;
//改变图像的宽度和高度
    m_x=((BITMAPINFOHEADER *)infoheader)->biWidth;
    m_y=((BITMAPINFOHEADER *)infoheader)->biHeight;
}
```

4.2.2 顺时针旋转90°

顺时针旋转90°与逆时针旋转90°的方法类似，如图4.6所示，对于原始图像中的任意一点(i, j)，经过旋转90°之后，j刚好变成了横坐标。由于原始图像纵坐标的取值范围为从0到m_x-1，所以m_x-1-i即为该点旋转后的纵坐标。图4.7给出了图像顺时针旋转90°的一个例子。

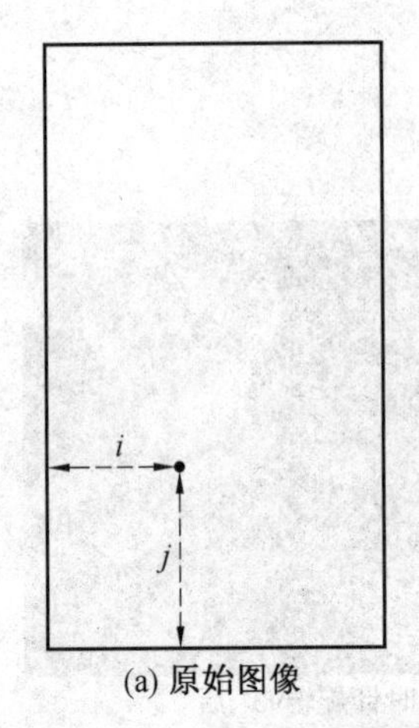

(a) 原始图像

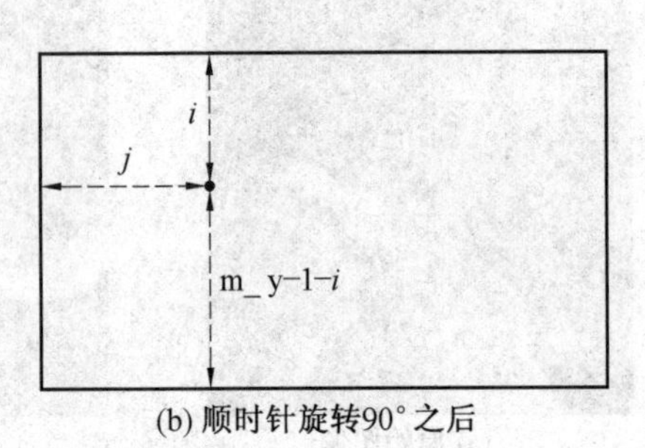

(b) 顺时针旋转90°之后

图 4.6 图像顺时针旋转 90°示意图

(a) 原始图像

(b) 顺时针旋转90°后

图 4.7 图像顺时针旋转 90°

```
/*************************************************
 *函数功能:图像顺时针旋转 90°
 *参数:InfoHeader—图像的信息头;Image—图像数据;m_x—图像的宽;m_y—图像的高
 *************************************************/
//因图像旋转后其宽和高一般会发生变化,所以 m_x 和 m_y 设置为引用型参数
void CMyDIPDoc::ImgRotClk90(unsigned char * InfoHeader, unsigned char * Image, int
&m_x, int &m_y)
{
    int i,j;
//定义临时存储空间的指针
    unsigned char * ImageTemp;
//分配临时存储空间
    ImageTemp=new unsigned char [m_x * m_y];
    for(i=0;i<m_x;i++)
```

```
        for(j=0;j<m_y;j++)
//顺时针旋转 90°
                ImageTemp[(m_x-1-i) * m_y+j]=Image[j * m_x+i];
    memcpy(Image,ImageTemp,m_x * m_y);
//释放临时存储空间
    delete [ ]ImageTemp;
//改变信息头中图像的宽度和高度
    ((BITMAPINFOHEADER *)infoheader)->biWidth=m_y;
    ((BITMAPINFOHEADER *)infoheader)->biHeight=m_x;
//改变图像的宽度和高度
    m_x=((BITMAPINFOHEADER *)infoheader)->biWidth;
    m_y=((BITMAPINFOHEADER *)infoheader)->biHeight;
}
```

4.2.3 旋转 180°

下面考虑旋转 180°的情况。在以图像的中心为坐标原点旋转 180°时,实际上是两两交换以坐标原点为中心的相对称的两个点。假设图像宽和高分别为 m_x 和 m_y,则横坐标的范围为 0 ~ m_x-1,纵坐标的范围为 0 ~ m_y-1,所以,横坐标 0 与 m_x-1 交换,横坐标 1 与 m_x-2 交换……类似地,纵坐标 0 与 m_y-1 交换,纵坐标 1 与 m_y-2 交换……

对于任意一点(x, y),应与点(m_x-1-x, m_y-1-y)交换。需要注意的是,在做图像旋转时,仅能对一半的像素点做交换(例如图像的上半部分)。所有像素点都交换时,得不到旋转 180°的结果,例如,(0, 0)的对称点是(m_x-1, m_y-1),如果对所有的像素点都做交换操作,则(x, y)等于(0, 0)时,点(0, 0)的灰度值与点(m_x-1, m_y-1)的灰度值交换;当(x, y)等于(m_x-1, m_y-1)时,点(m_x-1, m_y-1)的灰度值与点(0, 0)的灰度值交换。由于点(0, 0)的灰度值与点(m_x-1, m_y-1)的灰度值先交换了一次,然后又交换了一次,最终的结果相当于没有做交换。

图 4.8 给出了图像旋转 180°的一个例子。由于旋转 180°后图像的宽和高都未发生变化,所以在旋转时不需要修改 BMP 图像的文件头和信息头,只需修改图像数据。

具体程序如下:

```
/*************************************
 * 函数功能:图像旋转 180°
 * 参数:Image—图像数据;m_x—图像的宽;m_y—图像的高
*************************************/
void CMyDIPDoc::ImgRot180(unsigned char * Image, int m_x, int m_y)
{
    int i,j,temp;
    for(i=0;i<m_x;i++)
//为避免发生两次交换,只取图像高度一半范围内的像素点交换
        for(j=0;j<m_y/2;j++)
```

```
            }
//由于灰度级交换时是两两交换,因此采用最常用的交换两个数字的算法
//不需要再分配图像数据的存储空间
                temp=Image[j*m_x+i];
//点(i,j)与点(m_x-1-i, m_y-1-j)对称
                Image[j*m_x+i]=Image[(m_y-1-j)*m_x+(m_x-1-i)];
                Image[(m_y-1-j)*m_x+(m_x-1-i)]=temp;
            }
}
```

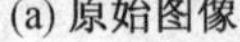

(a) 原始图像

(b) 旋转180°后

图 4.8 图像旋转 180°的一个例子

4.2.4 旋转任意角度

下面考虑旋转任意角度的情况。如图 4.9 所示,假设某个点在原坐标系下的坐标为 (x_0, y_0),然后坐标系绕坐标原点顺时针旋转了 θ,在旋转后的坐标系下,该点的坐标为 (x, y),则 x_0 刚好可以表示为 $x\cos\theta$ 与 $y\sin\theta$ 之和,y_0 刚好可以表示为 $y\cos\theta$ 与 $x\sin\theta$ 之差,所以坐标旋转的公式为

$$\begin{cases} x_0 = x\cos\theta + y\sin\theta \\ y_0 = y\cos\theta - x\sin\theta \end{cases}$$

图像在旋转时有两种坐标点的映射方案:一种方案是根据输入图像的坐标计算输出图像的坐标,即向前映射;另一种方案是根据输出图像的坐标计算输入图像的坐标,即向后映射。

在采用向前映射时,可能出现两种错误的情况:一种情况是输出图像的某个像素点可能不与输入图像的任何一个点对应,出现空白像素点;另一种情况是输出图像的某个像素点可能对应到多个输入图像的像素点上,最终输入图像中只有一个像素点对应到输出图像的像素点,其余几个点则被舍弃。由于以上原因,在做图像旋转时,一般采用向后映射的方式。与 4.1 节(图像缩放)的情况类似,在映射坐标时,会经常出现浮点数的坐标,因为输入图像的各个像素点的坐标均为整数,所以浮点数坐标与整数坐标采用不同的对应关系时,会得到

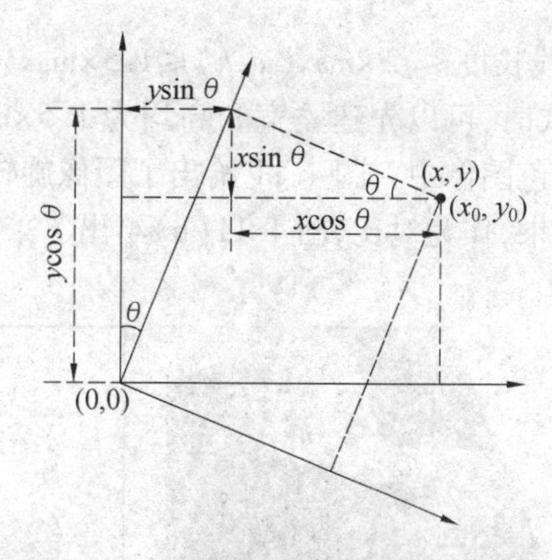

图 4.9　图像旋转的坐标变换示意图

不同的效果。第一种映射方式是最近邻插值，也就是按照四舍五入的方式将浮点数对应到整数坐标中；第二种常见的映射方式是双线性插值，也就是找到距离该浮点数坐标最近的四个整数坐标，然后按照加权求和的方式计算浮点数坐标位置的灰度值。这两种映射方式的坐标计算方法与 4.1 节相同，不再重复叙述。图 4.10 给出了这两种映射方式各旋转 10 次之后的效果，这里所说的 10 次是指把原始图像作为输入，旋转后的结果为第 1 次的输出；再把第 1 次的输出作为第 2 次旋转的输入，旋转后得到第 2 次旋转的结果；重复上述过程，直至 10 次。我们发现在图 4.10(b) 中图像的一些局部信息已经丢失，产生这种现象的原因是在浮点数坐标四舍五入时，输入图像的某些点没有被取到，当旋转 10 次后，丢失的信息比较多，就出现了这样的结果。在图 4.10(c) 中局部细节比较模糊，产生这种现象的原因是非线性插值时，为计算一个像素点的灰度值需要同时参考周围四个像素点的灰度值，由于像素点相对于人的视力来说非常小，所以只是轻微地变模糊。但是，如果连续旋转 10 次，每次都比上次稍微模糊一点，10 次的效果累加起来，还是非常明显的。

(a) 原始图像

(b) 采用最近邻插值旋转10次

(c)采用双线性插值旋转10次

图 4.10　图像旋转(采用整数坐标与采用浮点数坐标的对比)

由于图像是矩形而非圆形，所以在旋转后会有部分区域超出矩形范围，对于超出的部分可以有两种处理方式：第一种方式是舍弃超出矩形区域的部分，保持图像的大小不变；第二种方式是不舍弃超出矩形区域的部分，但是增加图像的宽和高。当采用第二种方式时，不论旋转角度如何，图像的宽和高不会大于原始图像的对角线长度。假设图像的宽为 w，高为 h，则有下列不等式成立：

$$对角线长度 \leqslant \sqrt{2} \times \max(w,h) \leqslant 1.5 \times \max(w,h)$$

所以,在采用第二种方式时,可以先建立宽和高均为 $1.5\times\max(w,h)$ 的白色图像,然后再把旋转后的图像放在此白色图像中。图 4.11 给出了图像旋转的一个例子:图 4.11(a)为采用第一种旋转方式时的结果,作为对比,图 4.11(b)给出了采用第二种旋转方式时的一个例子。

(a) 原始图像

(b) 图像旋转0.4弧度后图像大小不变,部分内容被舍弃

(c) 图像旋转0.4弧度,为保证像素点不丢失,扩大了旋转后的图像

图 4.11 图像旋转的一个例子

```
/*************************************
 * 函数功能:图像旋转任意弧度
 * 参数:Image—图像数据;m_x—图像的宽;m_y—图像的高;angle—旋转的弧度值;
 *       cent_x—旋转中心点的横坐标;cent_y—旋转中心点的纵坐标
 * 插值方式:最近邻插值
 * 注:旋转后超出图像大小的像素点被舍弃
 *************************************/
voidCMyDIPDoc::ImageRotAngleInaccuracy(unsigned char * Image, int m_x, int m_y,
double angle, int cent_x, int cent_y)
{
    int i,j;
    unsigned char * bmptemp;
    int xt,yt;
    int x1,x2,y1,y2;
    double wx1,wx2,wy1,wy2,w11,w12,w21,w22;
//分配图像数据的临时存储空间
    bmptemp=new unsigned char[m_x * m_y];
/*将新分配的图像数据初始化为白色,在做图像旋转时,不能保证为输出图像的每个
像素点都赋值,如果没有这个初始化操作,未被赋值点的灰度级会是随机数*/
    memset(bmptemp,255,m_x * m_y);
    for(i=0;i<m_x;i++)
```

```
        for(j=0;j<m_y;j++)
        {
//xt 为四舍五入的整数横坐标
            xt=(i-cent_x)*cos(angle)+(j-cent_y)*sin(angle)+cent_x+0.5;
//yt 为四舍五入的整数纵坐标
            yt=(j-cent_y)*cos(angle)-(i-cent_x)*sin(angle)+cent_y+0.5;
//如果选择后的像素点坐标超出了图像的范围,为避免数组越界,不进行处理
            if(xt>=0 && xt<m_x && yt>=0 && yt<m_y)
                bmptemp[(j)*m_x+(i)]=Image[yt*m_x+xt];
        }
//将图像旋转的结果再拷贝给 Image
    memcpy(Image,bmptemp,m_x*m_y);
//释放临时存储空间
    delete []bmptemp;
}
/************************************
*函数功能:图像旋转任意弧度
*参数:Image—图像数据;m_x—图像的宽;m_y—图像的高;angle—旋转的弧度值;
*       cent_x—旋转中心点的横坐标;cent_y—旋转中心点的纵坐标
*插值方式:双线性插值
*注:旋转后超出图像大小的像素点被舍弃
************************************/
voidCMyDIPDoc::ImageRotAngle(unsigned char * Image, int m_x, int m_y, double angle, int cent_x, int cent_y)
{
    int i,j;
    unsigned char * bmptemp;
    double xt,yt;
    int x1,x2,y1,y2;
    double wx1,wx2,wy1,wy2,w11,w12,w21,w22;
//分配图像数据的临时存储空间
    bmptemp=new unsigned char[m_x*m_y];
/*将新分配的图像数据初始化为白色,在做图像旋转时,不能保证为输出图像的每个像素点都赋值,如果没有这个初始化操作,未被赋值点的灰度级会是随机数*/
    memset(bmptemp,255,m_x*m_y);
    for(i=0;i<m_x;i++)
        for(j=0;j<m_y;j++)
        {
//xt、yt 为带小数点的横坐标和纵坐标
```

```
            xt=(i-cent_x) * cos(angle)+(j-cent_y) * sin(angle)+cent_x;
            yt=(j-cent_y) * cos(angle)-(i-cent_x) * sin(angle)+cent_y;
            x1=(int)xt;//周围四个整数坐标点之中的左侧点的横坐标
            x2=x1+1; //周围四个整数坐标点之中的右侧点的横坐标
            wx2=xt-x1; //计算 xt 的小数部分,作为权重系数
            wx1=1-wx2; //另一个权重系数
            y1=(int)yt; //周围四个整数坐标点之中的上侧点的纵坐标
            y2=y1+1; //周围四个整数坐标点之中的下侧点的纵坐标
            wy2=yt-y1; //计算 yt 的小数部分,作为权重系数
            wy1=1-wy2;//另一个权重系数
            w11=wx1 * wy1;//左上角像素点的权重系数
            w12=wx1 * wy2;//左下角像素点的权重系数
            w21=wx2 * wy1;//右上角像素点的权重系数
            w22=wx2 * wy2;//右下角像素点的权重系数
    //如果选择后的像素点坐标超出了图像的范围,为避免数组越界,不进行处理
            if(x1>=0 && x2<m_x && y1>=0 && y2<m_y)
                bmptemp[(j) * m_x+(i)]=(unsigned char)(Image[y1 * m_x+x1] * w11
                    +Image[y2 * m_x+x1] * w12 +Image[y1 * m_x+x2] * w21
                    +Image[y2 * m_x+x2] * w22+0.5);
        }
    //将图像旋转的结果再拷贝给 Image
        memcpy(Image,bmptemp,m_x * m_y);
    //释放临时存储空间
        delete [ ]bmptemp;
    }
    /*************************************
     * 函数功能:图像旋转任意弧度
     * 参数:Image—图像数据;m_x—图像的宽;m_y—图像的高;angle—旋转的弧度值;
     *        cent_x—旋转中心点的横坐标;cent_y—旋转中心点的纵坐标
     * 插值方式:双线性插值
     * 注:不舍弃超出矩形区域的部分,但是增加输出图像的宽和高
     *************************************/
    void CMyDIPDoc::ImageRotAngleBig(unsigned char * FileHeader, unsigned char * InfoHeader, unsigned char * Image, int m_x, int m_y, double angle, int cent_x, int cent_y, unsigned char * FileHeader2, unsigned char * InfoHeader2, unsigned char * &Image2, int &m_x2, int &m_y2)
    {
        int i,j;
        int cent_x2,cent_y2;
```

```
        double xt,yt;
        int x1,x2,y1,y2;
        double wx1,wx2,wy1,wy2,w11,w12,w21,w22;
        m_x2=(m_x>m_y? m_x:m_y)*1.5;
        if(m_x2%4! =0)/*如果缩放后图像的宽度不是4的整数倍,则将宽度调整为4
的整数倍*/
            m_x2+=4-(m_x2%4);
        m_y2=m_x2;
    //将原始图像的文件头拷贝到输出图像的文件头
        memcpy(FileHeader2,FileHeader,14);
    //为输出文件的文件头的bfSize字段(BMP图像文件的大小)重新赋值
    //下面的m_x2*m_y2、14、40和1024分别为图像数据的长度、文件头的长度、信息头
的长度和调色板的长度
        ((BITMAPFILEHEADER *)FileHeader2)->bfSize=m_x2*m_y2+14+40+1024;
    //将原始图像的信息头和调色板拷贝到输出图像的信息头与调色板
        memcpy(InfoHeader2,InfoHeader,40+1024);
    //为输出文件的信息头的biWidth字段(图像宽度)重新赋值
        ((BITMAPINFOHEADER *)InfoHeader2)->biWidth=m_x2;
    //为输出文件的信息头的biHeight字段(图像高度)重新赋值
        ((BITMAPINFOHEADER *)InfoHeader2)->biHeight=m_y2;
        cent_x2=m_x2/2;
        cent_y2=m_y2/2;
        Image2=new unsigned char[m_x2*m_y2];
    /*将新分配的图像数据初始化为白色,在做图像旋转时,不能保证为输出图像的每个
像素点都赋值,如果没有这个初始化操作,未被赋值点的灰度级会是随机数*/
        memset(Image2,255,m_x2*m_y2);
        for(i=0;i<m_x2;i++)
            for(j=0;j<m_y2;j++)
            {
    /*xt和yt为经计算得到的输入图像的带小数点的横坐标和纵坐标。注意输入图像的
中心点为(cent_x, cent_y),输出图像的中心点为(cent_x2, cent_y2),所以下面//的公式中
cent_x和cent_x2不能交换位置,cent_y和cent_y2不能交换位置*/
                xt=(i-cent_x2)*cos(angle)+(j-cent_y2)*sin(angle)+cent_x;
                yt=(j-cent_y2)*cos(angle)-(i-cent_x2)*sin(angle)+cent_y;
                x1=(int)xt;//周围四个整数坐标点之中的左侧点的横坐标
                x2=x1+1;//周围四个整数坐标点之中的右侧点的横坐标
                wx2=xt-x1;//计算xt的小数部分,作为权重系数
                wx1=1-wx2;//另一个权重系数
                y1=(int)yt; //周围四个整数坐标点之中的上侧点的纵坐标
```

```
            y2=y1+1;//周围四个整数坐标点之中的下侧点的纵坐标
            wy2=yt-y1;//计算 yt 的小数部分,作为权重系数
            wy1=1-wy2;//另一个权重系数
            w11=wx1 * wy1;//左上角像素点的权重系数
            w12=wx1 * wy2; //左下角像素点的权重系数
            w21=wx2 * wy1; //右上角像素点的权重系数
            w22=wx2 * wy2; //右下角像素点的权重系数
//如果选择后的像素点坐标超出了图像的范围,为避免数组越界,不进行处理
    if(x1>=0 && x2<m_x && y1>=0 && y2<m_y)
                Image2[j * m_x2+i]=(unsigned char)(Image[y1 * m_x+x1] * w11
                    +Image[y2 * m_x+x1] * w12 +Image[y1 * m_x+x2] * w21
                    +Image[y2 * m_x+x2] * w22+0.5);
        }
}
```

4.3 几何校正

在用相机拍摄一本书时,由于相机的倾斜角度以及相机与书的四个角的距离可能不相等,因此拍摄到的书往往不是矩形的,而是平行四边形或者是其他四边形。对于这种情况,我们希望有一种技术能把图像中的非矩形的四边形区域映射为一个矩形区域。几何校正就能达到这样的效果。例如,图 4.12(a)经过校正后变为图 4.12(b)所示的图像。几何校正算法,既能把倾斜的四边形映射为一个矩形区域,也能扭曲未变形的区域,达到某种视觉效果。例如,图 4.13(a)中的四边形区域并未发生扭曲,经过几何校正算法后,可以使其扭曲,变成图 4.13(b)的效果。

(a) 原始图像

(b) 校正后图像

图 4.12 几何校正的一个例子:把倾斜的四边形校正为正常的矩阵

几何校正算法的计算过程如图 4.14 所示。假设需要把图 4.14 中左侧的四边形区域映射为右侧的矩形区域,对于四边形的映射,比较常用的方法是双线性插值。双线性插值的计算公式为

(a) 原始图像的四边形区域

(b) 四边形区域扭曲后的图像

图4.13　几何校正的另一个例子:非扭曲的图像变为扭曲的图像

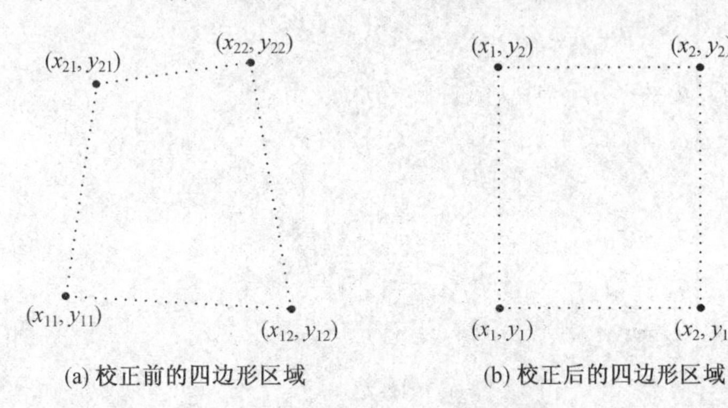

(a) 校正前的四边形区域　　(b) 校正后的四边形区域

图4.14　几何校正算法示意图

$$f(x,y) = ax + by + cxy + d \tag{4.7}$$

在四个参数a、b、c和d都被赋给适当值的情况下,公式(4.7)刚好可以把图4.14(b)中的四个点映射为图4.14(a)的四个点。在使用这组适当的参数时,以4.14(b)中的某个点的坐标(x,y)作为输入,得到的函数值即为图4.14(a)中与(x,y)相对应的坐标,由于坐标是二维的,所以需要对公式(4.7)计算出两组系数:一组系数(a_x、b_x、c_x和d_x)是用来计算映射后的横坐标的;另一组系数(a_y、b_y、c_y和d_y)是用来计算映射后的纵坐标的。在把x和y看作常数时,可以把公式(4.7)看作有四个变量a、b、c和d的线性方程。为求解a_x、b_x、c_x和d_x,需把图4.14中的四个点的坐标代入方程中,得到方程组

$$\begin{cases} a_x x_1 + b_x y_1 + c_x x_1 y_1 + d_x = x_{11} \\ a_x x_2 + b_x y_1 + c_x x_2 y_1 + d_x = x_{12} \\ a_x x_1 + b_x y_2 + c_x x_1 y_2 + d_x = x_{21} \\ a_x x_2 + b_x y_2 + c_x x_2 y_2 + d_x = x_{22} \end{cases} \tag{4.8}$$

同理,为求解a_y、b_y、c_y和d_y,需把图4.14中的四个点的坐标代入方程中,得到方程组

$$\begin{cases} a_y x_1 + b_y y_1 + c_y x_1 y_1 + d_y = y_{11} \\ a_y x_2 + b_y y_1 + c_y x_2 y_1 + d_y = y_{12} \\ a_y x_1 + b_y y_2 + c_y x_1 y_2 + d_y = y_{21} \\ a_y x_2 + b_y y_2 + c_y x_2 y_2 + d_y = y_{22} \end{cases} \tag{4.9}$$

对方程组(4.8)和方程组(4.9)求解是比较烦琐的,简化的办法是对4.14(b)中的像素点进行坐标平移,坐标平移后,(x_1,y_1)、(x_2,y_1)、(x_1,y_2)和(x_2,y_2)分别变为(0,0)、$(x_2-x_1,0)$、$(0,y_2-y_1)$和(x_2-x_1,y_2-y_1)。平移后的坐标,由于x和y各有一个值为0,故求解方程组非常容易。下面以求a_x、b_x、c_x和d_x为例进行说明,把平移后的坐标带入方程组(4.8),得

$$\begin{cases} d_x = x_{11} \\ a_x(x_2 - x_1) + d_x = x_{12} \\ b_x(y_2 - y_1) + d_x = x_{21} \\ c_x(x_2 - x_1) + b_x(y_2 - y_1) + c_x(x_2 - x_1)(y_2 - y_1) + d_x = x_{22} \end{cases} \tag{4.10}$$

根据方程组(4.10),求得

$$\begin{cases} d_x = x_{11} \\ a_x = (x_{12} - x_{11})/(x_2 - x_1) \\ b_x = (x_{21} - x_{11})/(y_2 - y_1) \\ c_x = (x_{22} + x_{11} - x_{12} - x_{21})/[(x_2 - x_1)(y_2 - y_1)] \end{cases} \tag{4.11}$$

同理,可以求得

$$\begin{cases} d_y = y_{11} \\ a_y = (y_{12} - y_{11})/(x_2 - x_1) \\ b_y = (y_{21} - y_{11})/(y_2 - y_1) \\ c_y = (y_{22} + y_{11} - y_{12} - y_{21})/[(x_2 - x_1)(y_2 - y_1)] \end{cases} \tag{4.12}$$

具体程序如下:

```
//结构体 para 用于存储公式(4.7),计算 x 坐标的四个参数和计算 y 坐标的四个参数
struct paraStru
{
    double ax, bx, cx, dx;
    double ay, by, cy, dy;
}para;

/***************************************
 *函数功能:获得 x 坐标双线性插值的四个参数,最终的结果保存在结构体 para 中
 *参数:x11 和 y11—校正前的左下角点的坐标;x12 和 y12—校正前的右下角点的坐标;
 *      x21 和 y21—校正前的左上角点的坐标;x22 和 y22—校正前的右上角点的坐标;
 *      x1—校正后的左侧点的 x 坐标;x2—校正后的右侧点的 x 坐标;
 *      y1—校正后的下侧点的 y 坐标;y2—校正后的上侧点的 y 坐标
 ***************************************/
void CMyDIPDoc::funParaX(int x11, int y11, int x12, int y12, int x21, int y21, int x22,
int y22, int x1, int y1, int x2, int y2)
{
    para.dx = x11;
```

```
    para.ax = ((double)(x12 - x11)) / (x2 - x1);
    para.bx = ((double)(x21 - x11)) / (y2 - y1);
    para.cx=((double)(x22+x11-x12-x21))/((x2-x1) * (y2-y1));
}
/*************************************
 * 函数功能:获得 y 坐标双线性插值的四个参数,最终的结果保存在结构体 para 中
 * 参数:x11 和 y11—校正前的左下角点的坐标;x12 和 y12—校正前的右下角点的坐标;
 *      x21 和 y21—校正前的左上角点的坐标;x22 和 y22—校正前的右上角点的坐标;
 *      x1—校正后的左侧点的 x 坐标;x2—校正后的右侧点的 x 坐标;
 *      y1—校正后的下侧点的 y 坐标;y2—校正后的上侧点的 y 坐标
 *************************************/
void CMyDIPDoc::funParaY(int x11, int y11, int x12, int y12, int x21, int y21, int x22,
int y22, int x1, int y1, int x2, int y2)
{
    para.dy = y11;
    para.ay = ((double)(y12 - y11)) / (x2 - x1);
    para.by = ((double)(y21 - y11)) / (y2 - y1);
    para.cy=((double)(y22+y11-y12-y21))/((x2-x1) * (y2-y1));
}


/*************************************
 * 函数功能:双线性插值几何校正
 * 参数:imageInput—输入的图像;cxInput—输入的图像的宽;
 *      cyInput—输入的图像的高;imageOutput—输出的图像;
 *      cxOutput—输出的图像的宽;cyOutput—输出的图像的高;
 *      lx1 和 ly1—校正前的左下角点的坐标;lx2 和 ly2—校正前的右下角点的坐标;
 *      lx3 和 ly3—校正前的左上角点的坐标;lx4 和 ly4—校正前的右上角点的坐标;
 *      rx1—校正后的左侧点的 x 坐标;rx2—校正后的右侧点的 x 坐标;
 *      ry1—校正后的下侧点的 y 坐标;ry2—校正后的上侧点的 y 坐标
 *************************************/
void CMyDIPDoc::funFourPointTransform(unsigned char * imageInput, int cxInput, int cy-
Input, unsigned char * imageOutput, int cxOutput, int cyOutput, int lx1, int ly1, int lx2, int
ly2, int lx3, int ly3, int lx4, int ly4, int rx1, int ry1, int rx2, int ry2)
{
    int x, y, xx1,xx2,yy1,yy2;
    double xt, yt,wx1,wx2,wy1,wy2,w11,w12,w21,w22;
    funParaX(lx1, ly1, lx2, ly2, lx3, ly3, lx4, ly4, rx1, ry1, rx2, ry2);
    funParaY(lx1, ly1, lx2, ly2, lx3, ly3, lx4, ly4, rx1, ry1, rx2, ry2);
    for(x=0;x<rx2-rx1;x++)
```

```
        for(y=0;y<ry2-ry1;y++)
        {
            xt=(int)(para.ax * x + para.bx * y + para.cx * x * y + para.dx+0.5);
            yt=(int)(para.ay * x + para.by * y + para.cy * x * y + para.dy+0.5);
            xx1=(int)xt;//周围四个整数坐标点之中的左侧点的横坐标
            xx2=xx1+1;//周围四个整数坐标点之中的右侧点的横坐标
            wx2=xt-xx1;//计算 xt 的小数部分,作为权重系数
            wx1=1-wx2;//另一个权重系数
            yy1=(int)yt; //周围四个整数坐标点之中的上侧点的纵坐标
            yy2=yy1+1;//周围四个整数坐标点之中的下侧点的纵坐标
            wy2=yt-yy1;//计算 yt 的小数部分,作为权重系数
            wy1=1-wy2;//另一个权重系数
            w11=wx1 * wy1;   //左上角像素点的权重系数
            w12=wx1 * wy2; //左下角像素点的权重系数
            w21=wx2 * wy1; //右上角像素点的权重系数
            w22=wx2 * wy2; //右下角像素点的权重系数
            imageOutput[(y+ry1) * cxOutput+(x+rx1)]
                =(unsigned char)(imageInput[yy1 * cxInput+xx1] * w11
                +imageInput[yy2 * cxInput+xx1] * w12
                +imageInput[yy1 * cxInput+xx2] * w21
                +imageInput[yy2 * cxInput+xx2] * w22+0.5);
        }
    }
```

4.4 本章小结

几何变换包括图像缩放、图像旋转、几何校正等内容。因为各个像素点的位置是离散的坐标,所以在进行几何变换时不可避免地会产生图像的失真。为了尽量保持图像质量,要避免使用最邻近插值,而使用双线性插值等精度更高的算法。另外,根据输入图像的像素点坐标计算输出图像的像素点坐标的向前映射容易导致像素点丢失,更常用的方法是根据输出图像的像素点坐标计算与之对应的输入图像的像素点坐标,即向后映射。采用双线性插值图像校正时,需要对输入的图像选取四个点,然后确定这四个点在输出图像上的坐标,建立双线性函数,求得系数后即可完成双线性插值几何校正。更复杂的几何校正算法还有三次卷积法等方法。

第5章

数学形态学处理

5.1 数学形态学

数学形态学是用于分析几何形状的数学方法,它的数学基础是集合论,通过集合论定量描述几何结构,因此它具有完备的数学基础,这为形态学用于图像分析和处理、形态滤波器的特性分析和系统设计奠定了坚实的基础。数学形态学的应用可以简化图像数据,保持它们基本的形状特性,并除去不相干的结构。数学形态学是由一组形态学的代数运算子组成的,它的基本运算有四个:膨胀、腐蚀、开启和闭合,它们在二值图像和灰度图像中各有特点。数学形态学方法是利用一个称作结构元素的"探针"收集图像的信息,当探针在图像中不断移动时,便可考察图像各个部分之间的相互关系,从而了解图像的结构特征。作为探针的结构元素,可直接携带知识(形态、大小甚至加入灰度和色度信息)来探测、研究图像的结构特点。

下面首先了解一些相关的数学知识,这些数学知识是形态学的基础。

1. 元素和集合

在图像的数学形态学处理中,每个像素点可以看作一个元素,若干个像素的整体就构成了一个集合。图像的全部像素称为全集,用 E 表示;没有任何元素的集合称为空集,用 $\varnothing$ 表示。图5.1给出了元素与集合的关系示意图。

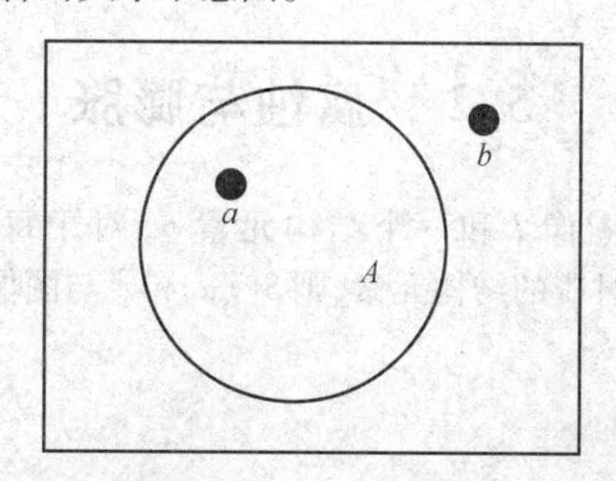

图5.1　元素与集合的关系示意图($a \in A, b \notin A$)

对于两幅图像 M 和 N,如果对于 N 中的每个像素点 $n, n \in N$ 都有 $n \in M$,则称 N 是 M 的子集,记作 $N \subseteq M$。如果至少有一个点 a 满足 $a \in M$ 并且 $a \notin N$,则称 N 是 M 的真子集,记

作 $N \subset M$。如果两个集合 M 和 N 满足 $N \subseteq M$ 并且 $M \subseteq N$，则称 M 和 N 相等，记作 $M = N$。图 5.2 给出了真子集示意图。

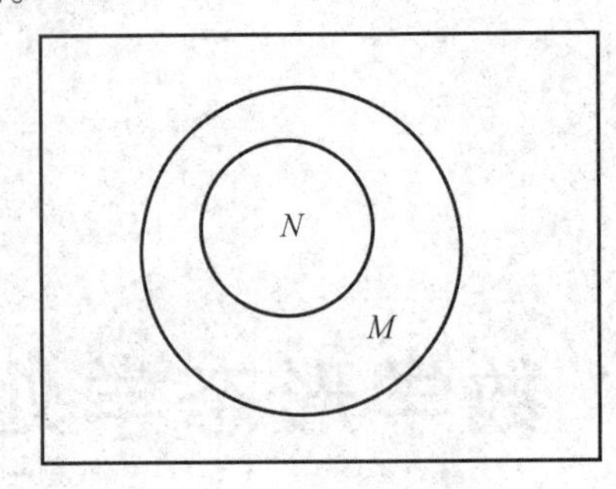

图 5.2 真子集示意图

2. 交集、并集和补集

两个集合 M 和 N 的共同元素组成的集合称为两个集合的交集，记作 $M \cap N$，即

$$M \cap N = \{x \mid x \in M \text{ 且 } x \in N\}$$

由属于集合 M 的元素或属于集合 N 的元素组成的集合称为两个集合的并集，记作 $M \cup N$，即 $M \cup N = \{x \mid x \in M \text{ 或 } x \in N\}$。

假设 E 是一个全集，M 是一个集合，由所有属于 E 但是不属于 M 的元素组成的集合，称为集合 M 的补集，记作 $\sim M$，即 $\sim M = \{x \mid x \in E, x \notin M\}$。图 5.3 给出了交集、并集和补集示意图。

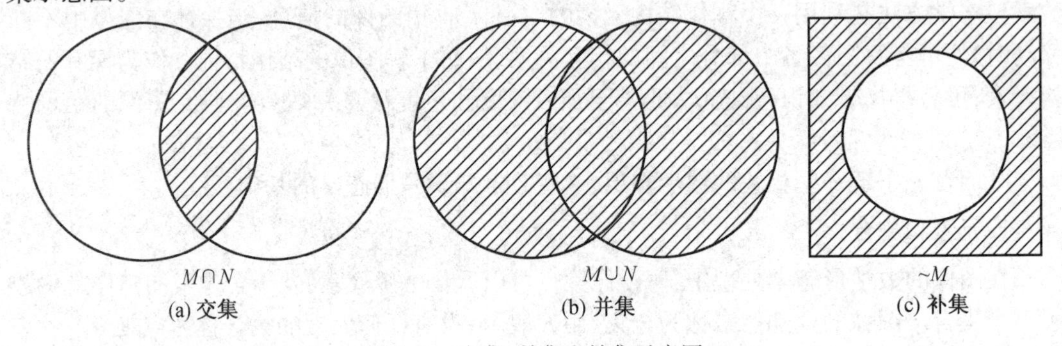

图 5.3 交集、并集和补集示意图

5.2 腐蚀与膨胀

对于一个给定的目标图像 I 和一个结构元素 S，对于每一个图像位置 (x,y)，假设 $S[(x,y)]$ 为与位置 (x,y) 对应的结构元素，则 $S[(x,y)]$ 与图像 I 的位置关系有以下三种情况：

(1) $S[(x,y)] \subseteq I$。

(2) $S[(x,y)] \subseteq \sim I$。

(3) $S[(x,y)] \cap I \neq \varnothing$ 并且 $S[(x,y)] \cap \sim I \neq \varnothing$。

第一种情况说明结构元素 $S[(x,y)]$ 完全位于图像 I 的内部；第二种情况说明 $S[(x,y)]$ 完全位于图像 I 的外部；第三种情况说明 $S[(x,y)]$ 有一部分位于图像 I 的内部，一部分位于

图像 I 的外部。我们把符合第一种情况的点的集合称为 S 对 I 的腐蚀(简称腐蚀),记作 $I \ominus S$。腐蚀的定义也可以用集合的方式来表示,即

$$I \ominus S = \{(x,y) \mid S[(x,y)] \subseteq I\} \tag{5.1}$$

根据腐蚀的定义,原始图像的白色像素点经过腐蚀后仍然是白色像素点;原始图像位于中间区域的黑色像素点腐蚀后仍为黑色像素点;原始图像位于边缘区域的黑色像素点经过腐蚀后为白色像素点。所以,腐蚀的效果是图像"瘦"了一圈。图 5.4 和图 5.5 给出了图像腐蚀的几个例子。

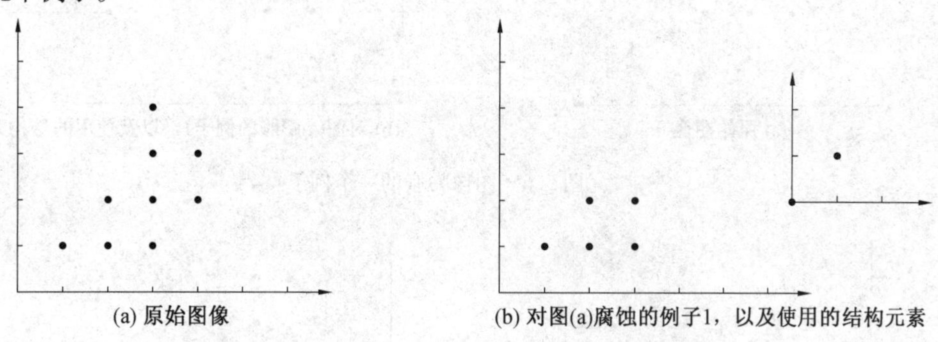

(a) 原始图像　　(b) 对图(a)腐蚀的例子1，以及使用的结构元素

图 5.4　图像腐蚀的一个例子

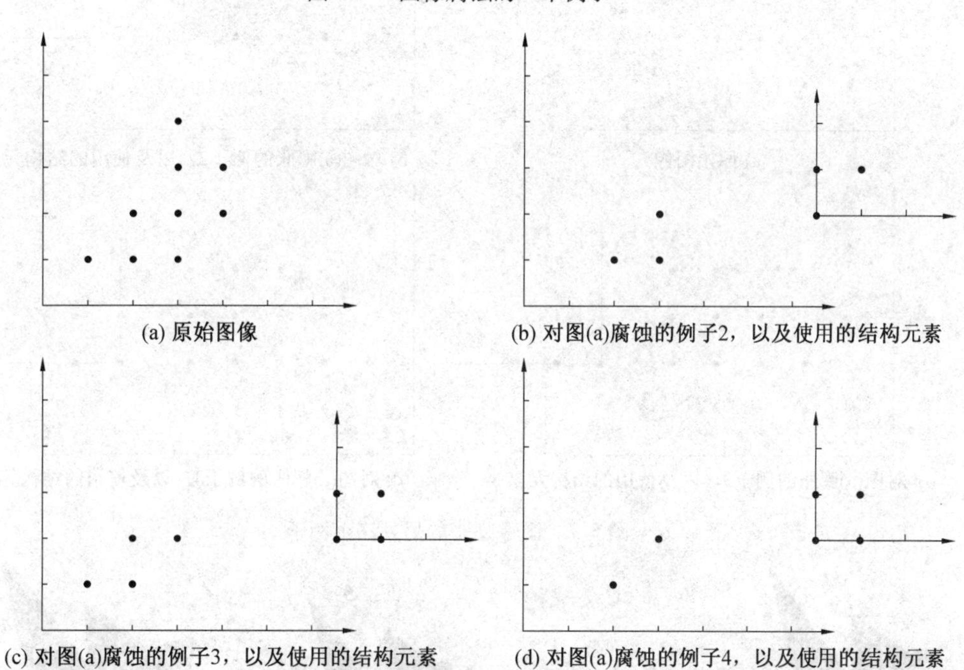

(a) 原始图像　　(b) 对图(a)腐蚀的例子2，以及使用的结构元素

(c) 对图(a)腐蚀的例子3，以及使用的结构元素　　(d) 对图(a)腐蚀的例子4，以及使用的结构元素

图 5.5　图像腐蚀的另外三个例子

膨胀运算是另一种重要的数学形态学处理方法。如果将目标图像 I 的每个像素点都扩大为结构元素 S,就可以达到膨胀的效果。它的定义为

$$I \oplus S = \cup \{S[(x,y)] \mid (x,y) \in I\} \tag{5.2}$$

根据膨胀的定义,原始图像的黑色像素点经过膨胀后仍然是黑色像素点;原始图像的远离黑色区域的白色像素点经过膨胀后为白色像素点;原始图像的接近黑色区域的白色像素

点经过膨胀后为黑色像素点。所以,膨胀的效果是图像“胖”了一圈。图5.6和图5.7给出了图像膨胀的几个例子。图5.8和图5.9给出了先腐蚀再膨胀的两个例子。

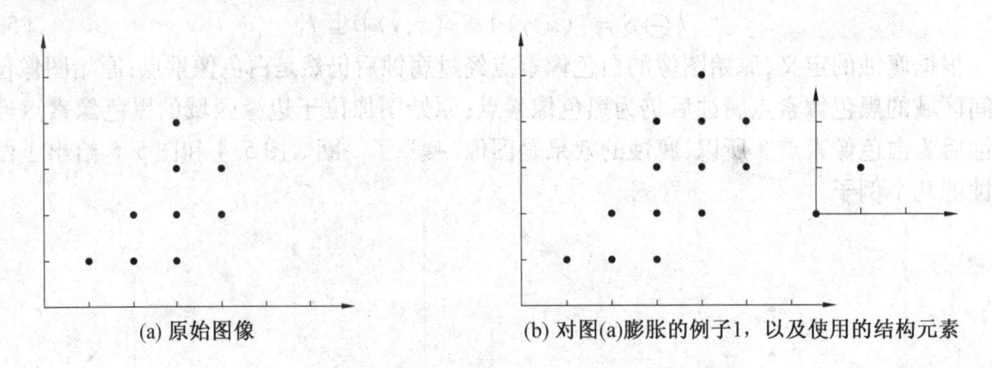

(a) 原始图像　　(b) 对图(a)膨胀的例子1，以及使用的结构元素

图5.6　图像膨胀的一个例子

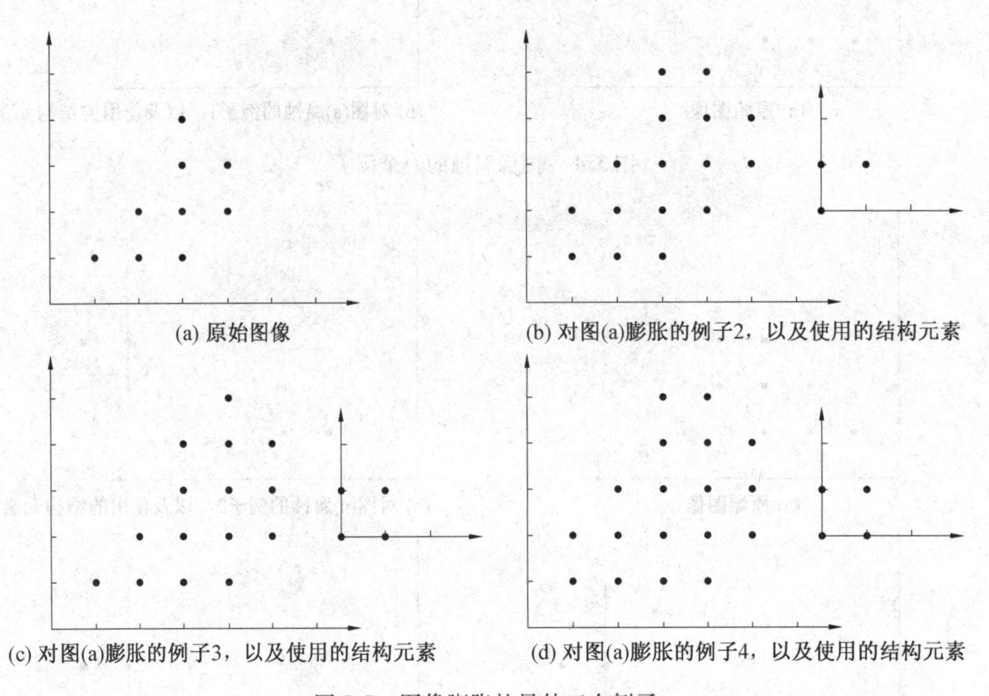

(a) 原始图像　　(b) 对图(a)膨胀的例子2，以及使用的结构元素

(c) 对图(a)膨胀的例子3，以及使用的结构元素　　(d) 对图(a)膨胀的例子4，以及使用的结构元素

图5.7　图像膨胀的另外三个例子

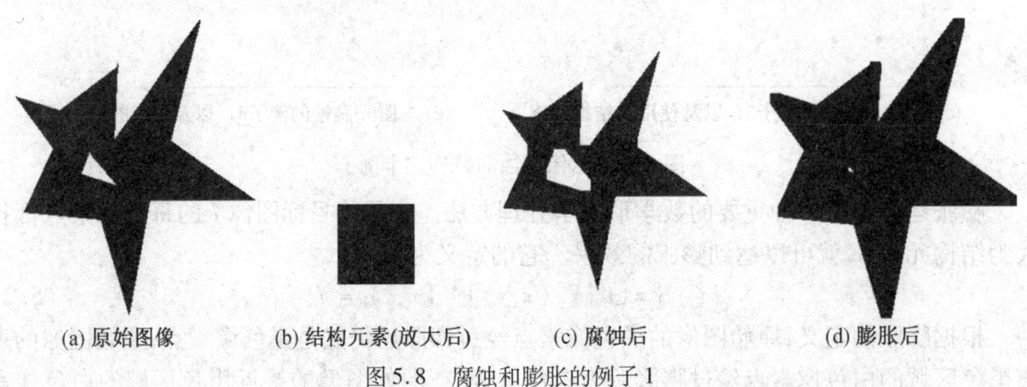

(a) 原始图像　　(b) 结构元素(放大后)　　(c) 腐蚀后　　(d) 膨胀后

图5.8　腐蚀和膨胀的例子1

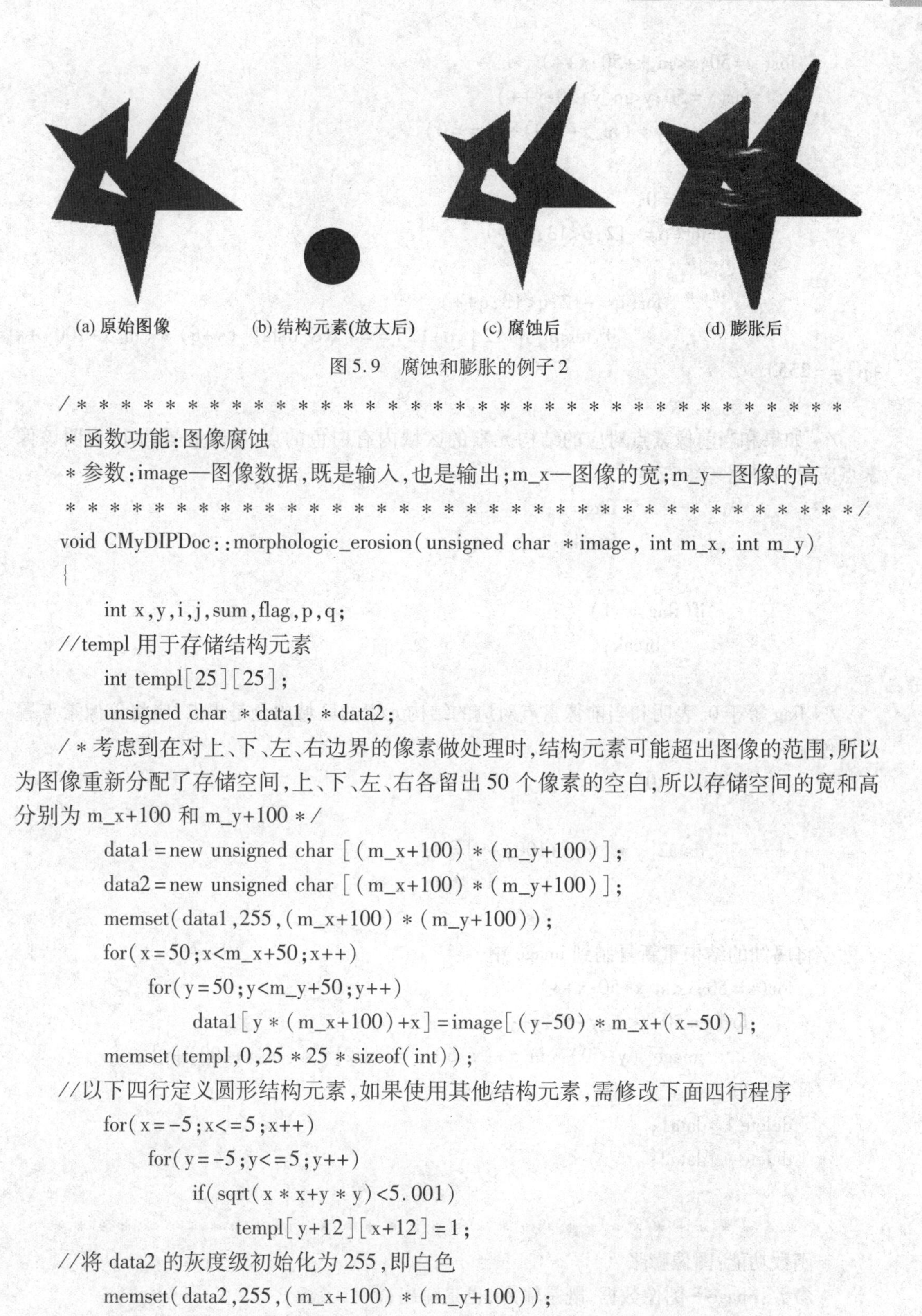

(a) 原始图像　(b) 结构元素(放大后)　(c) 腐蚀后　(d) 膨胀后

图 5.9　腐蚀和膨胀的例子 2

```
/*************************************
*函数功能:图像腐蚀
*参数:image—图像数据,既是输入,也是输出;m_x—图像的宽;m_y—图像的高
*************************************/
void CMyDIPDoc::morphologic_erosion(unsigned char *image, int m_x, int m_y)
{
    int x,y,i,j,sum,flag,p,q;
//templ 用于存储结构元素
    int templ[25][25];
    unsigned char *data1,*data2;
/*考虑到在对上、下、左、右边界的像素做处理时,结构元素可能超出图像的范围,所以为图像重新分配了存储空间,上、下、左、右各留出 50 个像素的空白,所以存储空间的宽和高分别为 m_x+100 和 m_y+100*/
    data1=new unsigned char [(m_x+100)*(m_y+100)];
    data2=new unsigned char [(m_x+100)*(m_y+100)];
    memset(data1,255,(m_x+100)*(m_y+100));
    for(x=50;x<m_x+50;x++)
        for(y=50;y<m_y+50;y++)
            data1[y*(m_x+100)+x]=image[(y-50)*m_x+(x-50)];
    memset(templ,0,25*25*sizeof(int));
//以下四行定义圆形结构元素,如果使用其他结构元素,需修改下面四行程序
    for(x=-5;x<=5;x++)
        for(y=-5;y<=5;y++)
            if(sqrt(x*x+y*y)<5.001)
                templ[y+12][x+12]=1;
//将 data2 的灰度级初始化为 255,即白色
    memset(data2,255,(m_x+100)*(m_y+100));
/*在图像区域内,如果与某个黑点对应的结构元素黑点的各个位置上出现了图像的白点,则需要将图像中的黑像素点变为白点*/
```

```
    for(x=50;x<m_x+50;x++)
        for(y=50;y<m_y+50;y++)
        if(data1[y*(m_x+100)+x]==0)
        {
            flag=0;
            for(p=-12;p<13;p++)
            {
                for(q=-12;q<13;q++)
                    if(templ[q+12][p+12]==1 && data1[(y+q)*(m_x+100)+x
+p]==255)
                    {
    /*如果和当前像素点对应的结构元素的区域内有白色的点,将 flag 置为 1,表明该像
素点应置为白色*/
                    flag=1;
                    break;
                }
            if(flag==1)
                break;
            }
    /*flag 等于 0,表明和当前像素点对应的结构元素的区域内全是黑点,应将该像素点置
为黑色*/
        if(flag==0)
        {
            data2[y*(m_x+100)+x]=0;
        }
    }
    //将腐蚀的结果重新复制到 image 中
    for(x=50;x<m_x+50;x++)
        for(y=50;y<m_y+50;y++)
            image[(y-50)*m_x+(x-50)]=data2[y*(m_x+100)+x];
    //释放空间
    delete []data1;
    delete []data2;
}
/*******************************************
 *函数功能:图像膨胀
 *参数:image—图像数据,既是输入,也是输出;
 *      m_x—图像的宽;m_y—图像的高
 *******************************************/
```

```
void CMyDIPDoc::morphologic_dilation(unsigned char * image, int m_x, int m_y)
{
    int x,y,i,j,sum,flag,p,q;
    int templ[25][25];
    unsigned char * data2;
/* 考虑到在对上、下、左、右边界的像素做处理时,结构元素可能超出图像的范围,所以为图像重新分配了存储空间,上、下、左、右各留出 50 个像素的空白,所以存储空间的宽和高分别为 m_x+100 和 m_y+100 */
    data2=new unsigned char [(m_x+100) * (m_y+100)];
    memset(templ,0,25 * 25 * sizeof(int));
//以下四行定义圆形结构元素,如果使用其他结构元素,需修改下面四行
    for(x=-5;x<=5;x++)
        for(y=-5;y<=5;y++)
            if(sqrt(x * x+y * y)<5.001)
                templ[y+12][x+12]=1;
//将 data2 的灰度级初始化为 255,即白色
    memset(data2,255,(m_x+100) * (m_y+100));
    for(x=50;x<m_x+50;x++)
        for(y=50;y<m_y+50;y++)
/* 如果某个像素点为黑色,则以它为中心的结构元素的各个黑点所对应的图像像素点置为黑色,不论原来是什么颜色 */
            if(image[(y-50) * m_x+(x-50)]==0)
            {
                for(p=-12;p<13;p++)
                    for(q=-12;q<13;q++)
                    {
                        if(templ[q+12][p+12]==1)
                            data2[(y+q) * (m_x+100)+(x+p)]=0;
                    }
            }
//将膨胀的结果重新复制到 image 中
    for(x=50;x<m_x+50;x++)
        for(y=50;y<m_y+50;y++)
            image[(y-50) * m_x+(x-50)]=data2[y * (m_x+100)+x];
//释放空间
    delete []data2;
}
```

5.3 开运算和闭运算

在腐蚀和膨胀的两个基本形态学运算的基础上,我们可以构造出多种形态学运算,其中最为重要的两个运算是开运算和闭运算。

(1)开运算。先对图像 I 用结构元素 S 做腐蚀运算,再用结构元素 S 做膨胀运算。假设用"∘"代表开运算,则

$$I \circ S = (I \ominus S) \oplus S \tag{5.3}$$

根据腐蚀运算的定义 $I \ominus S = \{(x,y) \mid S[(x,y)] \subseteq I\}$

膨胀运算的定义 $I \oplus S = \cup \{S[(x,y)] \mid (x,y) \in I\}$

可以得到等式 $I \circ S = \cup \{S[(x,y)] \mid S[(x,y)] \subseteq I\}$

根据这个公式,如果某个点位于凸角附近,则无法满足条件 $S[(x,y)] \subseteq I$,则以它为中心的结构元素无法通过并集的形式加入开运算的结果中,所以,该运算能够起到去掉凸角的作用,且结构元素 S 越大,去除凸角的效果越明显。图 5.10 给出了一个开运算的例子。

(a) 原始图像

(b) 用半径为5的圆形结构元素做开运算的结果

(b) 用半径为10的圆形结构元素做开运算的结果

图 5.10 开运算的例子

(2) 闭运算。先对图像 I 用结构元素 S 做膨胀运算,再用结构元素 S 做腐蚀运算。假设用"·"代表开运算,则

$$I \cdot S = (I \oplus S) \ominus S \tag{5.4}$$

根据闭运算的定义,如果某个点位于凹角附近,则通过膨胀运算可以填充凹角,做腐蚀运算时不会重新出现凹角。所以,闭运算具有填充凹角的作用,且结构元素 S 越大,填充凹角的效果越明显。图 5.11 给出了一个闭运算的例子。

(a) 原始图像

(b) 用半径为5的圆形结构元素做闭运算的结果

(b) 用半径为10的圆形结构元素做闭运算的结果

图 5.11 闭运算的例子

5.4 二值图像轮廓检测

在一个黑白图像中,黑白交界处的黑点构成了图像的轮廓。轮廓分为四连通和八连通两种情况。首先给出四邻域点和八邻域点的定义。如图5.12(a)所示,像素点A的上、下、左、右四个邻近点构成了A的四邻域点。如图5.12(b)所示,像素点A的上、下、左、右、左上、右上、左下、右下八个邻近点构成了A的八邻域点。如果从一个点v_1出发,以它某个四邻域点v_2为下一个点,然后再以v_2的某个四邻域点v_3为下一个点……直到到达最后一个点,按此方式得到一条曲线,称为四连通曲线。同理,如果从一个点v_1出发,以它某个八邻域点v_2为下一个点,然后再以v_2的某个八邻域点v_3为下一个点……直到到达最后一个点,按此方式得到一条曲线,称为八连通曲线。图5.13(a)给出了四连通曲线的一个例子,图5.13(b)给出了八连通曲线的一个例子。根据四连通曲线和八连通曲线的定义,四连通曲线一定是八连通曲线,但是八连通曲线不一定是四连通曲线。图5.14给出了检测八连通轮廓的一个例子。图5.15给出了检测四连通轮廓的一个例子。

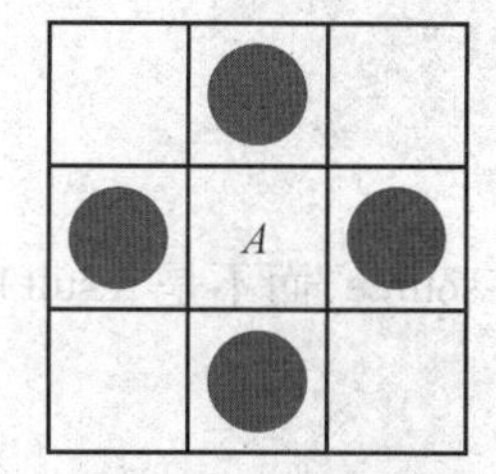

(a) A像素数点的四邻域点

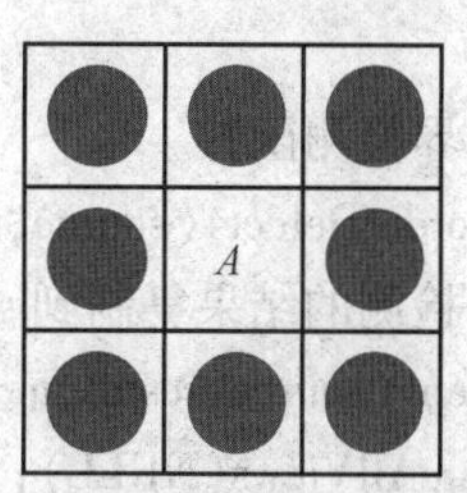

(b) A像素数点的八邻域点

图5.12 四邻域点与八邻域点

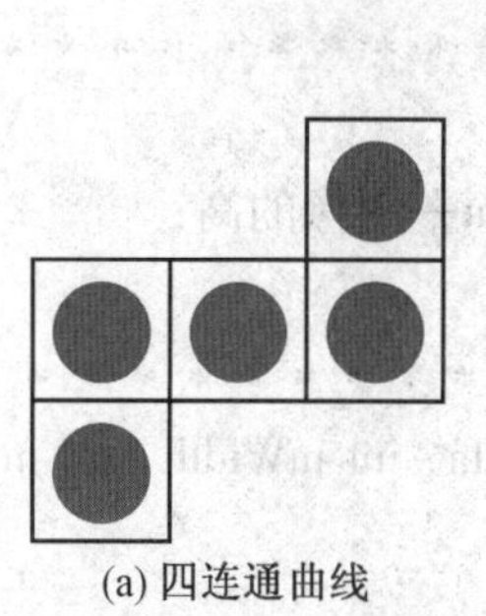

(a) 四连通曲线

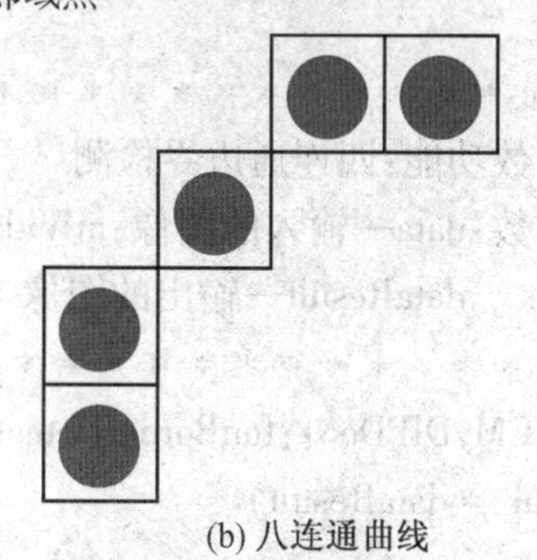

(b) 八连通曲线

图5.13 四连通曲线与八连通曲线的例子

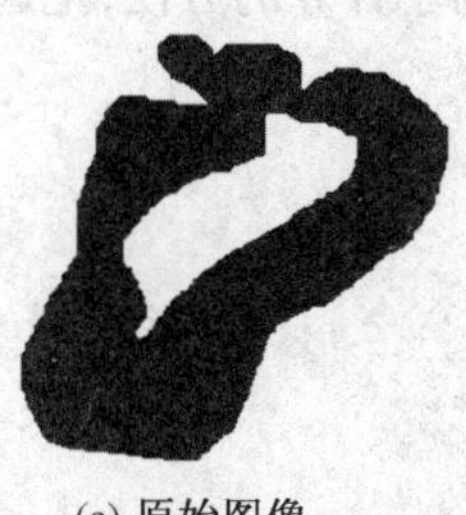

(a) 原始图像

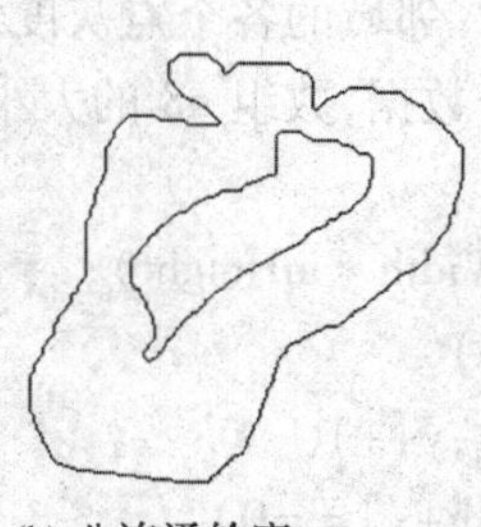

(b) 八连通轮廓

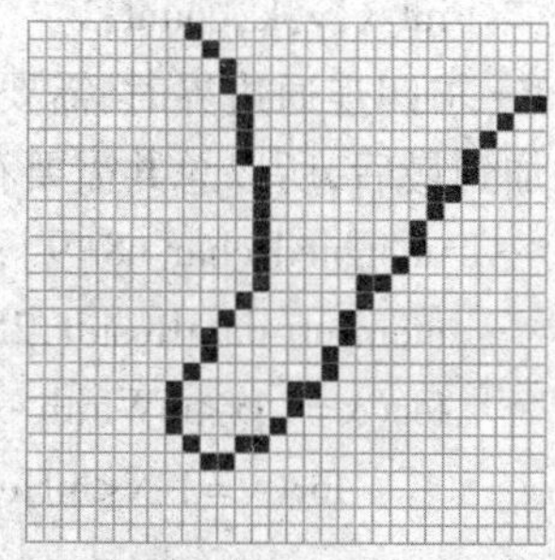

(c) 八连通轮廓局部区域放大

图5.14 检测八连通轮廓的一个例子

(a) 原始图像

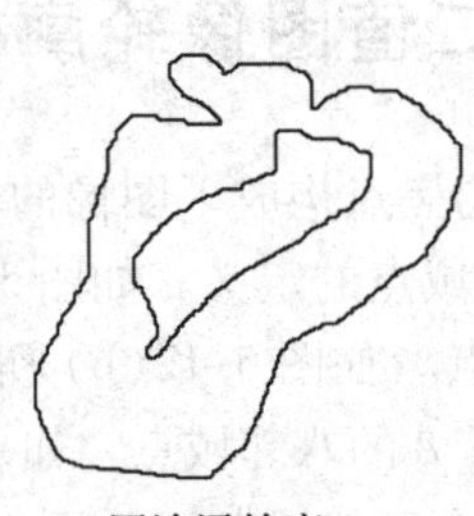
(b) 四连通轮廓

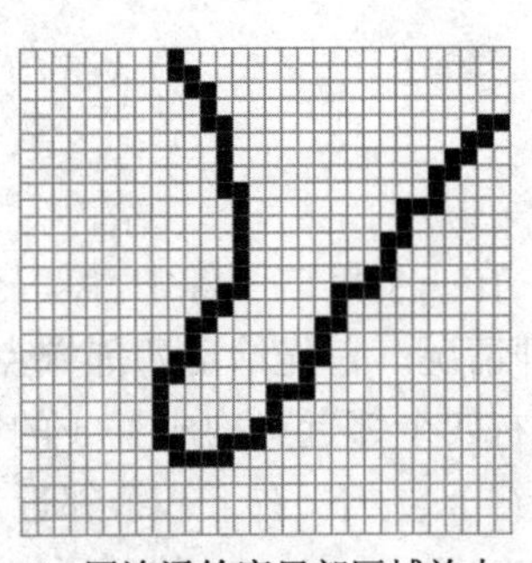
(c) 四连通轮廓局部区域放大

图 5.15 检测四连通轮廓的一个例子

具体程序如下：

```
/*************************************
 *函数功能:四连通边界检测
 *************************************/
void CMyDIPDoc::OnMenuBorderDetect4()
{
//调用边界检测函数
    funBorderDetect4(source,m_x,m_y,result);
//把边界检测的结果复制到 source 中(最终显示的是 source,而不是 result)
    memcpy(source,result,m_x * m_y);
    UpdateAllViews(NULL);
}

/*************************************
 *函数功能:四连通边界检测
 *参数:data—输入的图像;mWidth—图像的宽;mHeight—图像的高;
 *      dataResult—输出的图像
 *************************************/
void CMyDIPDoc::funBorderDetect4(unsigned char *data, int mWidth, int mHeight, unsigned char *dataResult)
{
    int x,y,k,count;
/*求四连通边界时,需要计算八邻域的各个点灰度值,但是为了计算的方便,把起始点再添加到最后,所以总共需要存九个数据,数组 n8 的大小为 9*/
    unsigned char n8[9];
    memset(dataResult,255,mWidth * mHeight);
    for(x=1;x<mWidth-1;x++)
        for(y=1;y<mHeight-1;y++)
            if(data[y * mWidth+x]==0)
            {
```

```
/ * 将八邻域的八个点的灰度值保存到 n8 中,由于起始点在末尾又保存了一次,所以总
共 9 个数据 * /
                    n8[0]=data[(y+1) * mWidth+(x-1)];
                    n8[1]=data[(y+1) * mWidth+(x+0)];
                    n8[2]=data[(y+1) * mWidth+(x+1)];
                    n8[3]=data[(y+0) * mWidth+(x+1)];
                    n8[4]=data[(y-1) * mWidth+(x+1)];
                    n8[5]=data[(y-1) * mWidth+(x+0)];
                    n8[6]=data[(y-1) * mWidth+(x-1)];
                    n8[7]=data[(y+0) * mWidth+(x-1)];
                    n8[8]=data[(y+1) * mWidth+(x-1)];
                    count=0;
//计算绕某个点的八邻域点绕行一周时,白点遇到黑点这种情况出现的次数
                    for(k=0;k<8;k++)
                    if(n8[k]>n8[k+1])
                        count++;
//如果绕某个点的八邻域点绕行一周,发现有灰度值变化,则说明该点为边缘点
                    if(count! =0)
                        dataResult[y * mWidth+x]=0;
            }
}

/ * * * * * * * * * * * * * * * * * * * * * * * * * * * * * * * * * * *
 * 函数功能:八连通边界检测
 * * * * * * * * * * * * * * * * * * * * * * * * * * * * * * * * * * * /
void CMyDIPDoc::OnMenuBorderDetect8()
{
//调用边界检测函数
    funBorderDetect8(source,m_x,m_y,result);
//把边界检测的结果复制到 source 中(最终显示的是 source,而不是 result)
    memcpy(source,result,m_x * m_y);
    UpdateAllViews(NULL);
}

/ * * * * * * * * * * * * * * * * * * * * * * * * * * * * * * * * * * *
 * 函数功能:八连通边界检测
 * 参数:data—输入的图像;mWidth—图像的宽;mHeight—图像的高;
 *        dataResult—输出的图像
 * * * * * * * * * * * * * * * * * * * * * * * * * * * * * * * * * * * /
```

```
void CMyDIPDoc::funBorderDetect8(unsigned char *data, int mWidth, int mHeight, unsigned char *dataResult)
{
    int x,y,k,count;
/*求八连通边界时,需要计算四邻域的各个点灰度值,但是为了计算的方便,把起始点再添加到最后,所以总共需要存五个数据,数组n4的大小为5*/
    unsigned char n4[5];
    memset(dataResult,255,mWidth*mHeight);
    for(x=1;x<mWidth-1;x++)
        for(y=1;y<mHeight-1;y++)
            if(data[y*mWidth+x]==0)
            {
/*将四邻域的四个点的灰度值保存到n4中,由于起始点在末尾又保存了一次,所以总共5个数据*/
                n4[0]=data[(y+1)*mWidth+(x+0)];
                n4[1]=data[(y+0)*mWidth+(x+1)];
                n4[2]=data[(y-1)*mWidth+(x+0)];
                n4[3]=data[(y+0)*mWidth+(x-1)];
                n4[4]=data[(y+1)*mWidth+(x+0)];
                count=0;
//计算绕某个点的四邻域点绕行一周时,白点遇到黑点这种情况出现的次数
                for(k=0;k<4;k++)
                    if(n4[k]>n4[k+1])
                        count++;
//如果绕某个点的四邻域点绕行一周,发现有灰度值变化,则说明该点为边缘点
                if(count!=0)
                    dataResult[y*mWidth+x]=0;
            }
}
```

5.5 图像细化

细化又称骨架化,是指在尽量保持原来图像拓扑结构的情况下,抽出图像的单像素宽骨架的过程,被广泛应用于图像处理和模式识别中。基于模板的细化算法是比较常见的细化算法。在基于模板的细化算法中,首先定义若干个删除模板和恢复模板:删除模板用于判断一个黑点是否应被删除,恢复模板用于判断一个黑点是否应被保留。如果某个黑像素点周围的黑白点分布符合删除模板,则表明该黑像素点可以删除。为了防止过度删除,避免只有两个像素宽度的线条被删除,还需判断该黑像素点周围的黑白点分布是否符合恢复模板。

只有符合删除模板但不符合恢复模板的黑点才会被删除。

假设在删除模板和恢复模板中用 1 代表黑像素点，用 0 代表白像素点，用 X 代表黑像素点或白像素点都可以。图 5.16 给出了细化算法的八个删除模板。假设当前像素点位于删除模板的第 2 行第 2 列的位置。因为细化是不断地把黑色像素点变为白色像素点的过程，所以只考虑当前像素点是黑点的情况。通过与模板对比，即可判断当前像素点是否满足模板。例如，如果当前像素点的上一行的三个像素点为 011，像素点当前行的三个像素点为 110，当前像素点的下一行的三个像素点为 100，则当前像素点符合图 5.16(h) 的删除模板。再如，如果当前像素点的上一行的三个像素点为 011，像素点当前行的三个像素点为 111，当前像素点的下一行的三个像素点为 111，则当前像素点不符合任何一个删除模板。图 5.17 给出了细化算法的六个恢复模板，在恢复模板中，假设当前像素点位于恢复模板的第 2 行第 2 列的位置。

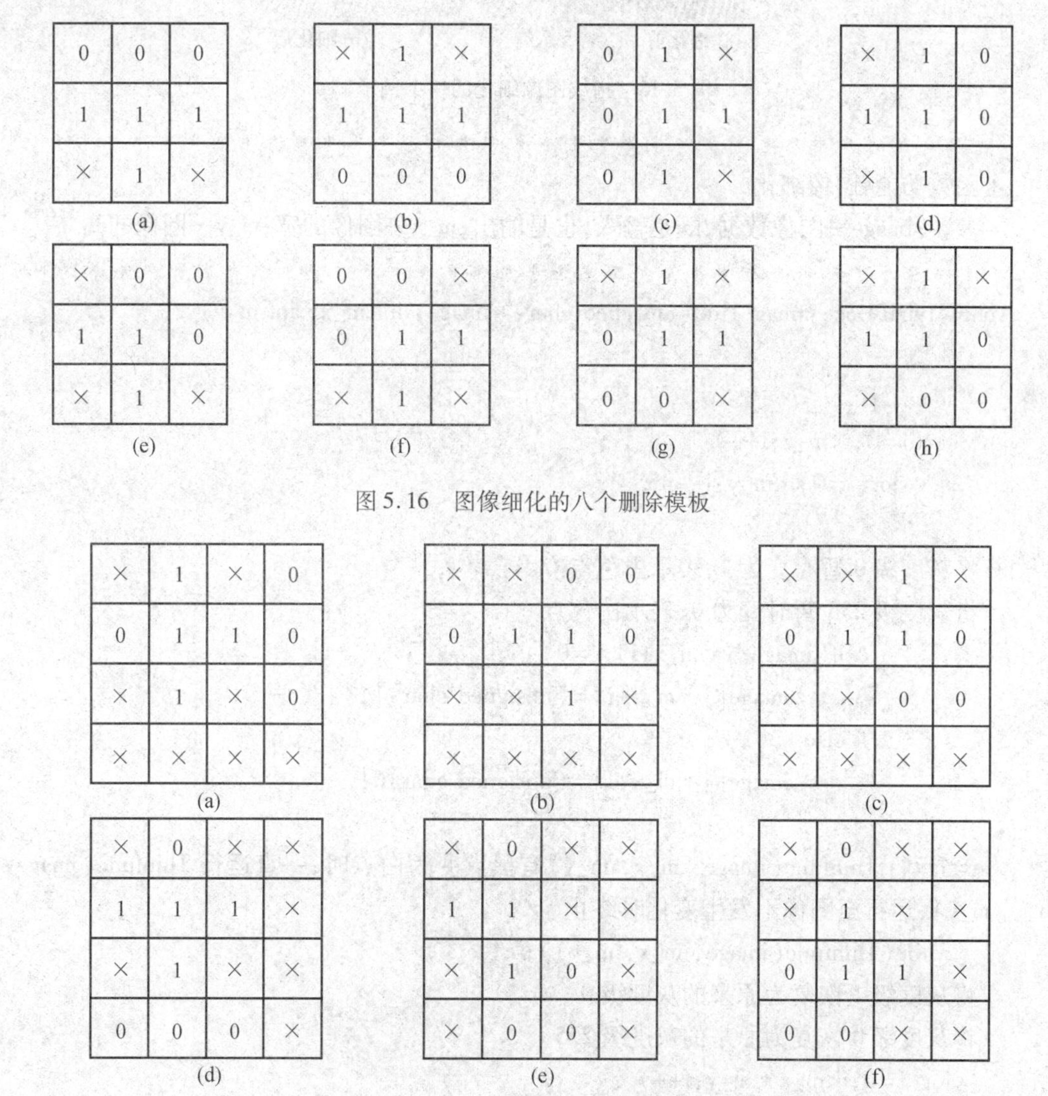

图 5.17　图像细化的六个恢复模板

细化是通过多次迭代来完成的,每调用一次细化函数,黑线条就“瘦”了一层,经过多次迭代后,当黑线条都变成了单像素宽度,不能再变“瘦”时,细化就结束了。图5.18以指纹图像的细化为例,给出了细化前和细化后的图像对比。

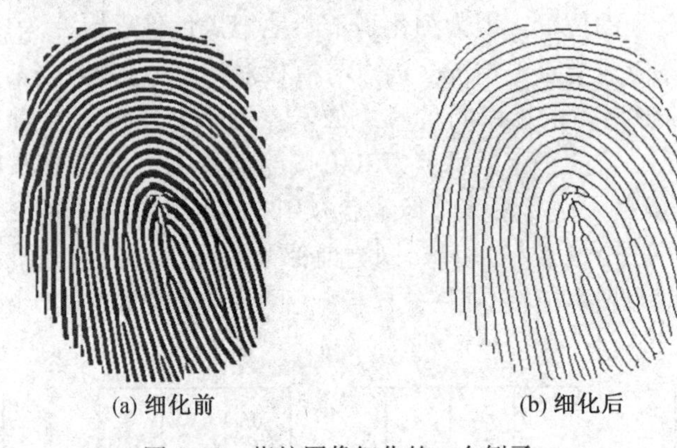

(a) 细化前　　(b) 细化后

图5.18　指纹图像细化的一个例子

```
/*************************************
 *函数功能:图像细化
 *参数:image—图像数据,既是输入,也是输出;m_x—图像的宽;m_y—图像的高
 *************************************/
voidCMyDIPDoc::ImageThin(unsigned char *image, int m_x, int m_y)
{
    long i,j;
    for(i=0;i<m_x;i++)
        for(j=0;j<m_y;j++)
        {
//将灰度级0暂时变为1,表示黑色点
//将灰度级255暂时变为0,表示白色点
            if(image[j*m_x+i]==0)
                image[j*m_x+i]=(unsigned char)1;
            else
                image[j*m_x+i]=(unsigned char)0;
        }
/*当运行Thinfunc(image, m_x, m_y)有黑点变为白点时,一直运行Thinfunc(image,
m_x, m_y),运行至图像不发生变化时终止*/
    while(Thinfunc(image, m_x, m_y));
//将灰度级1恢复为原来的灰度级0
//将灰度级0恢复为原来的灰度级255
    for(i=0;i<m_x*m_y;i++)
        if(image[i]==1)
            image[i]=0;
```

```
        else
            image[i]=255;
}

/*********************************
*函数功能:一遍图像细化
*参数:image—图像数据,既是输入,也是输出;m_x—图像的宽;m_y—图像的高
*********************************/
intCMyDIPDoc::Thinfunc(unsigned char *image, int m_x, int m_y)
{
    int flag=0;
    unsigned char * imageTemp;
    imageTemp=new unsigned char[m_x*m_y];
    memset(imageTemp,0,m_x*m_y);
    for(int x=4;x<m_x-4;x++)
        for(int y=m_y-5;y>=4;y--)
//如果当前点为黑点
            if(image[y*m_x+x]==1 )
            {
//如果符合删除模板
                if(DTemp(image,m_x,m_y,x,y))
                {
//如果不符合恢复模板
                    if(! RTemp(image,m_x,m_y,x,y))
                    {
                        imageTemp[y*m_x+x]=0;
//flag 的值为 1,表明本次细化过程中有黑点变为白点
                        flag=1;
                    }
                    else
                        imageTemp[y*m_x+x]=1;
                }
                else
                    imageTemp[y*m_x+x]=1;
            }
        memcpy(image,imageTemp,m_x*m_y);
        delete []imageTemp;
        if (flag==0)
        return 0;
```

```
    else
        return 1;
}
/********************************
* 函数功能:判断以当前像素为中心的局部区域是否符合删除模板
* 参数:image—图像数据;m_x—图像的宽;m_y—图像的高;
*     x—当前像素的横坐标;y—当前像素的纵坐标
********************************/
intCMyDIPDoc::DTemp(unsigned char *image, int m_x, int m_y, int x, int y)
{
    if(image[(y+1)*m_x+(x-1)]==0 && image[(y+1)*m_x+x]==0
        && image[(y+1)*m_x+(x+1)]==0 && image[(y-1)*m_x+(x-1)]==1
        && image[(y-1)*m_x+x]==1 && image[(y-1)*m_x+(x+1)]==1)
        return 1;
    if(image[(y+1)*m_x+(x-1)]==1 && image[(y+1)*m_x+x]==1
        && image[(y+1)*m_x+(x+1)]==1 && image[(y-1)*m_x+(x-1)]==0
        && image[(y-1)*m_x+x]==0 && image[(y-1)*m_x+(x+1)]==0)
        return 1;
    if(image[(y+1)*m_x+(x-1)]==0 && image[(y+1)*m_x+(x+1)]==1
        && image[y*m_x+(x-1)]==0 && image[y*m_x+(x+1)]==1
        && image[(y-1)*m_x+(x-1)]==0 && image[(y-1)*m_x+(x+1)]==1)
        return 1;
    if(image[(y+1)*m_x+(x-1)]==1 && image[(y+1)*m_x+(x+1)]==0
        && image[y*m_x+(x-1)]==1 && image[y*m_x+(x+1)]==0
        && image[(y-1)*m_x+(x-1)]==1 && image[(y-1)*m_x+(x+1)]==0)
        return 1;
    if(image[(y+1)*m_x+x]==0 && image[(y+1)*m_x+(x+1)]==0
        && image[y*m_x+(x-1)]==1 && image[y*m_x+(x+1)]==0
        && image[(y-1)*m_x+x]==1)
        return 1;
    if(image[(y+1)*m_x+(x-1)]==0 && image[(y+1)*m_x+x]==0
        && image[y*m_x+(x-1)]==0 && image[y*m_x+(x+1)]==1
        && image[(y-1)*m_x+x]==1)
        return 1;
    if(image[(y+1)*m_x+x]==1 && image[y*m_x+(x-1)]==0
        && image[y*m_x+(x+1)]==1 && image[(y-1)*m_x+(x-1)]==0
        && image[(y-1)*m_x+x]==0)
        return 1;
    if(image[(y+1)*m_x+x]==1 && image[y*m_x+(x-1)]==1
```

```
        && image[y * m_x+(x+1)]==0 && image[(y-1) * m_x+x]==0
        && image[(y-1) * m_x+(x+1)]==0)
        return 1;
    return 0;
}

/*************************************
 * 函数功能:判断以当前像素为中心的局部区域是否符合恢复模板
 * 参数:image—图像数据;m_x—图像的宽;m_y—图像的高;
 *      x—当前像素的横坐标;y—当前像素的纵坐标
 *************************************/
    intCMyDIPDoc::RTemp(unsigned char *image, int m_x, int m_y, int x, int y)
        {
        if(image[(y+1) * m_x+x]==1 && image[(y+1) * m_x+(x+2)]==0
        && image[y * m_x+(x-1)]==0 && image[y * m_x+(x+1)]==1
        && image[y * m_x+(x+2)]==0 && image[(y-1) * m_x+x]==1
        && image[(y-1) * m_x+(x+2)]==0)
        return 1;
    if(image[(y+1) * m_x+(x+1)]==0 && image[(y+1) * m_x+(x+2)]==0
        && image[y * m_x+(x-1)]==0 && image[y * m_x+(x+1)]==1
        && image[y * m_x+(x+2)]==0 && image[(y-1) * m_x+(x+1)]==1)
        return 1;
    if(image[(y+1) * m_x+(x+1)]==1 && image[y * m_x+(x-1)]==0
        && image[y * m_x+(x+1)]==1 && image[y * m_x+(x+2)]==0
        && image[(y-1) * m_x+(x+1)]==0 && image[(y-1) * m_x+(x+2)]==0)
        return 1;
    if(image[(y+1) * m_x+x]==0 && image[y * m_x+(x-1)]==1
        && image[y * m_x+(x+1)]==1 && image[(y-1) * m_x+x]==1
        && image[(y-2) * m_x+(x-1)]==0 && image[(y-2) * m_x+x]==0
        && image[(y-2) * m_x+(x+1)]==0)
        return 1;
    if(image[(y+1) * m_x+x]==0 && image[(y-1) * m_x+(x-1)]==1
        && image[(y-1) * m_x+x]==1 && image[(y-1) * m_x+(x+1)]==0
        && image[(y-2) * m_x+x]==0 && image[(y-2) * m_x+(x+1)]==0)
        return 1;
    if(image[(y+1) * m_x+x]==0 && image[(y-1) * m_x+(x-1)]==0
        && image[(y-1) * m_x+x]==1 && image[(y-1) * m_x+(x+1)]==1
        && image[(y-2) * m_x+(x-1)]==0 && image[(y-2) * m_x+x]==0)
        return 1;
```

```
    return 0;
}
```

5.6 本章小结

数学形态学算法是二值图像的非常重要的一类算法,它以集合论为基础,包括腐蚀、膨胀、开运算、闭运算、二值图像轮廓检测、图像细化等算法。形态学算法的运算量一般都比较大,腐蚀、膨胀、开运算和闭运算的运算量取决于图像的大小及结构元素的大小,当图像大小为 $n\times n$、结构元素大小为 $s\times s$ 时,上述四种运算的时间复杂度为 $O(n^2s^2)$。对于细化算法,因为细化的过程是每做一遍细化,黑线条就“瘦”一层,因此,细化算法的计算量除了与图像大小有关外,还与黑色线条的最大宽度有关。

第6章 图像压缩

图像压缩编码是专门研究图像数据压缩的技术,其目的是尽量减少表示图像所需要的数据量。网络及通信技术的发展使得图像的存储和传输问题更加突出,由此数据压缩技术成为数字图像处理中的一种关键技术。

本章主要介绍常用的图像压缩编码方法,包括游程编码、词典编码、算术编码及哈夫曼编码。

6.1 引 言

图像压缩是数据压缩技术在数字图像上的应用,目的是减少图像数据中的冗余信息。通用的数据压缩方法都适用于图像压缩,由于图像信号具有一定的先验认识且图像存在心理视觉冗余,使得图像压缩与通用的数据压缩方法相比又有其独特性。目前各种图像或视频压缩方法主要是围绕如何减少编码冗余、空间冗余、心理视觉冗余和时间冗余进行的。

图像编码(压缩)基本过程可以概括为映射变换、量化和熵编码三个步骤。图像解码(解压缩)过程与编码过程正好相反,包括熵解码、反量化和反映射变换三个步骤,如图6.1所示。

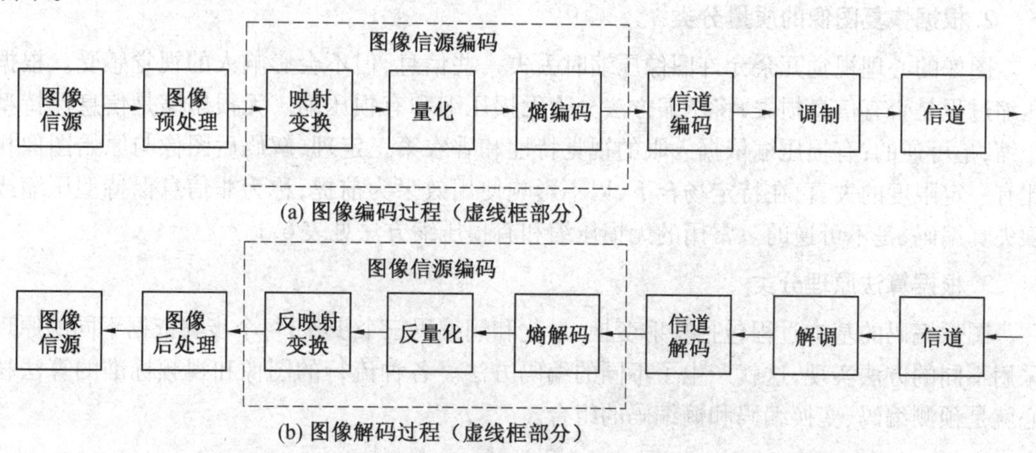

图6.1 图像的编解码过程

映射变换就是将图像变成另一种表示形式,去除图像的空间冗余,减少原始图像的相关性,将图像信息集中到少数系数上,以便于压缩。典型的映射变换包括线性预测变换、离散余弦变换、小波变换和分形变换等。映射变换并没有减少图像的数据量,而是减少图像的信息熵。根据香农第一定理,若变换后的信息熵变小,图像的压缩率就能提高,因此,对变换的要求就是变换后信息熵越小越好。对于视频图像,映射变换还担负着去除时间冗余的作用。

量化器的目的是去除心理视觉冗余和视频图像的时间冗余。量化器根据人眼在亮度、颜色、空间分辨率、空间频率、时间频率和运动感知等方面都存在上限与下限的特性,去掉图像中相对不重要的细节,减少数据量,同时不影响人的视觉感受。解码时,损失的信息不可能恢复,使得解码图像和原始图像不一样,存在一定程度上的信息损失,因此,将有量化器过程的压缩称为有损压缩。

熵编码的目的是消除符号编码冗余,一般不会给恢复带来信息损失。通常将没有任何信息损失的压缩方法称为无损压缩。

图像编码的三个基本步骤之间互相联系、互相影响。前一个步骤的目的在于创造有利于后一个步骤进行的条件。例如,在无损压缩中,映射变换的目的在于将熵编码模块的输入数据的信息熵变小,以降低其压缩率下限;而在有损压缩中,映射变换的目的是既要降低变换后信号的信息熵,又要将信息集中到少数系数上。在有损压缩中,量化的目的就是降低信息熵,以利于熵编码。

数字图像压缩技术可以有多种分类方法,分类依据包括图像信号种类、解码后图像质量和所采用的原理等。下面分别介绍图像压缩方法的分类。

1. 根据图像信号的种类分类

图像压缩与通用的数据压缩方法相比又有其独特性。压缩前,人们对图像信号有一定的先验认识,可针对不同图像信号的不同特性和用途,采用适当的压缩算法进行压缩,从而提高压缩算法的性能。目前常用的图像编码方法包括静止图像编码和运动图像编码。静止图像编码方法又分为传真文件编码、二值图像编码、灰度图像编码和彩色图像编码等。运动图像编码方法又分为电视电话/会议电视编码、活动图像记录编码、数字电视编码及数字电影编码等。

2. 根据恢复图像的质量分类

图像的心理视觉冗余允许图像压缩时丢失一些信息,但不会影响人的视觉感受。根据压缩过程是否有信息损失,将压缩方法分为无损压缩和有损压缩。无损压缩是信息保持型压缩,是可逆的;有损压缩依据人眼的视觉特性和香农第三定理,解码后图像与原始图像相比有一定限度的失真,在特定场合下,以不影响使用效果为前提,称为非信息保持型压缩或限失真编码,是不可逆的。常用的无损压缩和有损压缩方法见表6.1。

3. 根据算法原理分类

图像编码的基本过程包括映射变换、量化和熵编码三个步骤,每个步骤依据不同的原理采用不同的方法实现,这就产生了不同的编码方法。各种流行的图像和视频标准的算法核心就是预测编码、变换编码和熵编码的组合。

表 6.1　常用的无损压缩和有损压缩方法

种类	压缩方法
无损压缩	游程编码
	词典编码
	算术编码
	哈夫曼编码
有损压缩	变换编码
	矢量量化编码
	有损预测编码
	运动补偿编码

6.2　游程编码

游程编码(Run Length Coding,RLC)是一种统计编码,又称行程编码或运行长度编码。它是相对简单的编码技术,用于去除图像的空间冗余。

6.2.1　基本原理

游程是指信号中信源符号连续重复出现的个数(长度)。游程编码的基本原理是:用一个符号值或串长代替具有相同值的连续符号,使得符号长度少于原始数据的长度,只在各行或者各列数据的代码发生变化时,一次记录该代码及相同代码重复的个数,从而实现数据的压缩。例如,对信号 aaaabbcccccddeeecc 采用游程编码,则码组是 4a2b5c2d3e2c。游程编码的码组构成形式是$\{(l_1,g_1),(l_2,g_2),\cdots,(l_n,g_n)\}$。码字$(l_i,g_i)(i=1,\cdots,n)$包含两项,第一项为游程 l_i,用来记录原始数据中连续相同的信源符号的个数;第二项为符号 g_i,用来记录信源符号。原始信号的长度等于所有游程长度之和。如果给出了游程和信源符号及信源符号出现的位置,便能恢复出原始数据。

游程编码对于拥有大面积相同颜色区域的图像非常有效。如果图像中的数据非常分散,则游程编码不但不能压缩数据,反而会增加图像文件的大小。游程编码比较适用于二值图像的编码。BMP、PCX 和 TIFF 等图像文件格式都支持游程编码。

6.2.2　算法描述

游程编码算法描述如下:

输入:
输入信号 $S=\{s_1,s_2,\cdots,s_n\}$,其中,n 为信源的个数。 (如果输入二维图像,可先将图像转化为一维图像。)
输出:
信号 S 对应的码组 W。

步骤:

(1)初始化,设置行程长度 $l=0, i=1$。

(2)读入第 1 个信源,记为 S_{pre}。

(3)$i=i+1$。

(4)读入第 i 个信源 S_i。

(5)若 $S_i=S_{pre}$,则 $l=l+1$;否则输出 l 和 S_{pre},$S_{pre}=S_i, l=1$。

(6)若 $i<n$,转到(3);否则输出 l 和 S_{pre},退出算法。

游程编码仍是变长码,需要大量的缓冲和优质的信道。此外,编程长度可以从一直到无限,这在码字的选择和码表的建立方面都有困难,实际应用时需采用某些措施来改进。

游程解码过程为逐一读取游程和码字,即从压缩文件中循环读出字符连续的个数和字符,在恢复文件中连续写入从压缩文件中读出的字符,写的次数等于该字符连续的个数。

游程解码算法描述如下:

输入:

输入码组 $W=\{(l_1,g_1),(l_2,g_2),\cdots,(l_n,g_n)\}$

注意:若输入是二维图像的码流,则需要参数图像的宽度和高度,以便转换成二维的图像。

输出:

信号 S。

步骤:

(1)码字索引 $i=1$。

(2)读入 l_i 和 g_i。

(3)输出 l_i 个 g_i。

(4)$i=i+1$。

(5)若 $i<k$,则执行步骤(2)~(5),否则退出算法。

6.3 词典编码

词典编码指用符号代替一串字符,在编码中仅仅把字符串看成是一个号码,而不去管它表示什么意义,主要模仿查词典的行为,用词语在词典中的位置号来代替词语。例如,用地址号 25 来代替"中华人民共和国"七个字。若数据中重复的词语多,就可以实现压缩减少数据量了。在解码时,只需根据地址号将词典相应地址的词语读出来即可。词典编码方法实际上就是利用了信源符号之间的相关性进行压缩的。短语与代号的对应表就是词典。

利用词典编码方法进行压缩主要涉及两个问题:如何构造词典和如何查词典。词典构造和查找方式的不同便产生了不同的词典编码方法,如 LZ77 算法、LZ78 算法、LZSS 算法和 LZW 算法。其中,最著名的为 LZW 编码方法。LZW(Lempel-Ziv-Welch)是 Abraham Lempel、Jacob Ziv 和 Terry Welch 创造的一种通用无损数据压缩算法。LZW 算法已广泛应用于通用数据压缩中，如压缩软件 WinRAR、WinZip 以及图像压缩格式 GIF 和 TIFF、PDF 文件格式和 PNG 文件格式。

6.3.1　基本原理

LZW 算法根据输入的数据动态地创建词典。LZW 算法依次读入源文件的字符序列，先将可能的信源符号创建一个初始词典，然后在编码过程中，遇到词典中没有的短语或字符串就加到词典中，更新词典；如果遇到已编码的字符，就可以用词典索引序号直接代替字符串。

LZW 算法中短语长度固定，由两部分构成，从信号中分解出的在词典中能找到的最长的短语和下一个输入的信源符号，后进入词典的短语的第一个符号是它前一个进入词典的短语的最后一个符号。通常，短语的第一个码元是初始词典中的基本符号。词典中的短语按先后顺序是首尾相连的。短语可表示为 $<n,a>$，其中 n 表示短话前半部分在词典中的索引号，也就是地址号；a 表示一个信源符号，若 n 和 a 的长度固定，则短语长度固定。编码后的码组中第一个码字所代表的内容是词典中的基本符号。

6.3.2　算法描述

LZW 算法使用词典库查找方案。首先读入待压缩的数据，然后与一个词典库中的字符串对比，如有匹配的字符串，则输出该字符串数据在词典库中的位置索引，否则将该字符串插入词典中。应用 LZW 进行压缩编码时通常需要考虑如下几个问题。

1. 词典的长度

在具体应用中，通常会规定词典长度位数，例如 12 位。对于以字节为压缩单元的图像灰度，词典的长度为 $2^{12}=4\ 096$，索引的长度为 12 位，词典的前 256 个保存单个灰度值，剩下的 3 840 个分配给压缩过程中出现的灰度值串。

在词典满了以后，也就是新字符串长度超过 4 096 时，输出一个清除词典的标记 LZW_CLEAR，清空词典，开始新的编码。

2. 短语的长度

词典中短语的长度可能会很长，如上所述，短语表示成 $<n,a>$ 固定长度形式，对图像压缩来说，a 表示图像灰度值，需要 8 位，n 表示码字 12 位，则一个短语的长度就是 20 位。

3. 查词典

编码时，需要确定短语是否在词典中。若词典长度很长，每次顺序查找很费时间，可通过哈希函数的方法减少查表的次数，从而提高效率。

4. 输出码字的时机

发现新符号时，输出前一个短语的码字。

LZW 压缩技术的处理过程比其他压缩过程复杂，但过程完全可逆。对于简单图像和平滑且噪声小的信号源具有较高的压缩比，并且有较高的压缩和解压缩速度，对机器硬件条件要求不高。LZW 压缩技术可压缩任何类型和格式的数据。对于任意宽度和像素位长度的图像，都具有稳定的压缩过程。常用于 GIF 格式的图像压缩，其平均压缩比在 2∶1 以上，最高压缩比可达到 3∶1。

LZW 编码算法如下所示：

输入：

(1)输入信号 $S=\{s_1,s_2,\cdots,s_n\}$，其中 n 为信源的个数。

(2)初始词典：通常由信源符号集创建，如信源符号集为：$X=\{x_1,x_2,\cdots,x_m\}$，则初始词典见下表：

索引(地址)	短语
1	x_1
2	x_2
3	x_3
⋮	⋮
m	x_m

输出：

信号 S 对应的码组 W。

步骤：

(1)读入第一个信源作为前缀 Pre。

(2)信源索引 $i=2$。

(3)读入第 i 个信源 s_i(步骤(3)、(4)、(6)的目的是获得最长可查到的短语)。

(4)判断信号输入是否结束，若是则输出前缀 Pre 的码字，算法结束；否则执行下面步骤。信号结束可以根据是否收到内定结束标记如 EOF 符号，也可以根据信源索引是否大于事先知道的信号长度而定。

(5)与前缀形成短语 Phase=Pre+s_i。

(6)判断短语 Phase 是否在词典中，若在，则：

① Pre=Phase。

② $i=i+1$。

③ 重复执行步骤(3)~(6)。

(7)若短语 Phase 不在词典中，则步骤(7)是构造加入词典的短语，并输出最长短语的码字)：

① 将短语 Phase 加入到词典中。

② 输出前缀 Pre 的码字。

③ 将前缀 Pre 变为 i 个信源 s_i，即 Pre=s_i。

④$i=i+1$。

⑤重复执行步骤(3)~(6)。

LZW 解码过程主要受编码过程中短语的构造规则影响。在编码过程中，当前要加入词典的短语由先前输出的码字和当前读入的一个信源符号构成，因此在解码过程中，每读入一个码字，要判断是否在词典中，若在，就把码字所代表的短语输出，并且将前一个码字和当前码字所代表短语的第一个符号合成一个新的短语加入到词典中，如表 6.2 中步骤(1)~(4)所示。因为短语由先前输出的码字和当前读入的一个信源符号构成，若当前码字不在词典中的话，则将前一个码字和刚加入词典短语的最后一个符号合并成新短语加入到词典中，刚加入词典的短语最后一个字符又与前一个码字所代表短语的第一个字符相同，因此当前新短语就是先前码字与先前码字所代表短语的第一个字符构成。在表 6.2 的第 5 步中，当前码字是 7，词典中没有，它的前一个码字是 4，需要该过程的短语是 4 和码字 7 所代表短语的第一个字符，7 所代表短语的第一个字符一定是码字 6 的最后一个符号，而码字 6 是由码字 2 和码字 4 的第一个符号构成，因此码字 7 的短语是“ABA”。

表 6.2　LZW 解码示例

步骤	输入码字	词典		输出
		1	*A*	
		2	*B*	
		3	*C*	
1	1	以上是初始词典		A
2	2	4	AB	B
3	2	5	BB	B
4	4	6	BA	AB
5	7	7	ABA	ABA
6	3	8	ABAC	C

LZW 解码算法如下所示：

输入：

（1）输入码组，码字个数为 n

（2）初始词典：通常由信源符号集创建，如信源符号集为：$X=\{x_1, x_2, \cdots, x_m\}$，则初始词典如下表所示：

索引（地址）	短语
1	x_1
2	x_2
⋮	⋮
m	x_m

输出：

信号 S。

步骤：

(1)读入第一个码字 W_1 作为 Pre。

(2)将 W_1 所代表的短语用 Phase 表示。

(3)记录 Phase 的第一个符号 CurChar。

(4)码字索引 $i=2$。

(5)读入第 i 个码字 W_i。

(6)判断码字是否在词典中,若在,则:

①输出码字对应的短语。

②将前一个码字和当前码字对应短语的第一个符号合成新的短语加到词典中去。

③执行步骤(8)。

(7)当前码字若不在词典中,则:

① 将前一个码字和前一个码字对应短语的第一个符号形成新的短语加到词典中。

② 输出新短语。

(8)将当前码字作为前一个码字(首尾相连)。

(9)$i=i+1$。

(10)判断是否结束,是则退出,否则跳转步骤(5)。

6.4 算术编码

算术编码是一种熵编码方法,与其他熵编码方法不同的是,算法编码是把整个输入的信号编码为 0 ~ 1 之间的一个小数,而不是把输入信号分割为信源符号后再对每个符号进行编码。该方法在图像数据压缩标准,如 JPEG 中起着重要的作用,在一定程度上克服了自信息量所占码位为小数的信息压缩效果不理想的问题。

6.4.1 基本原理

算术编码的基本思想是把整个信息源表示为实数线上的 0 ~ 1 之间的一个区间,其长度等于序列的概率;然后在该区间内选择一个代表性的小数,将其转化为二进制数作为实际的编码输出。消息序列中的每个元素都要缩短为一个区间,由此,序列中包括的元素越多,得到的区间就越小,就需要更多的数位表示。采用算术编码方法,每个符号的平均编码长度为小数。

设信源符号集为 $\{a,b,c,d\}$,统计信源符号 a,b,c,d 出现的概率分别为 0.1,0.4,0.2,0.3,输入信号序列为 $S=\{cadacdb\}$。

(1)将[0,1)设为当前分析区间,按信源符号的概率序列,当前分析区间划分为四个子区间,即[0,0.1),[0.1,0.5),[0.5,0.7),[0.7,1)。

(2)读入信源 s_i,找到其在当前分析区间的比例间隔,将此比例间隔作为新的当前分析区间。比如,首先读入的为 c,则新的当前分析区间为[0.5,0.7)。

(3)按照信源符号的概率序列在当前分析区间划分比例间隔。然后跳转到第(2)步。

例如,第二个读入的为a,其编码范围为[0,0.1),则取[0.5,0.7)的第1个$\frac{1}{10}$,即[0.5,0.52)作为新的当前分析区间。直到所有的信源符号输入完毕。

(4)以最后的当前分析区间中任何一个数作为编码输出。例如,本例中,[0.514 383 6,0.514 402)为最后的分析区间,由此,可以选择该区间中任意一个小数,如0.514 383 7作为信号的编码输出。

6.4.2 算法描述

算术编码的算法描述如下:

输入: (1)输入信号 $S=\{s_1s_2\cdots s_n\}$。 (2)信源符号集 $X=\{x_1,x_2,\cdots,x_m\}$,各信源符号的概率用 $p(x_i),i=1,\cdots,m$。
输出: (1)信号 S 对应的码字 W。
步骤: (1)将[0,1)设为当前分析区间,按信源符号的概率序列,当前分析区间划分为 m 个子区间,根据概率累积的计算方法确定各子区间的上下界。 (2)读入信源 s_i,找到其在当前分析区间的比例间隔,将此比例间隔作为新的当前分析区间。 (3)按照信源符号的概率序列在当前分析区间划分比例间隔。然后跳转到第(2)步。直到所有的信源符号输入完毕。 (4)以最后的当前分析区间中任何一个数作为编码输出。

算术解码算法描述如下:

输入: (1)信号 S 对应的码字 W,输入信号 $S=\{s_1s_2\cdots s_n\}$。 (2)信源符号集 $X=\{x_1,x_2,\cdots,x_m\}$,各信源符号的概率用 $p(x_i),i=1,\cdots,m$,信号长度为 n。
输出: (1)解码后的原始信号 S。
步骤: (1)根据概率累积的计算方法确定各子区间的上下界。 (2)判断码字 W 落在的比例区间,输出该区间对应的信源符号 x_i。 (3)修正当前分析区间,下界为 x_{i-1} 的子区间的上界,上界为 x_i 在子区间的上界。 (4)将当前区间进行归一化处理:$W=\frac{W-下界}{区间宽度}$。 (5)$n=n-1$。 (5)根据 n 的值判断是否结束,若结束,则退出;否则,跳转到第(2)步。

6.5 哈夫曼编码

在计算机科学和信息论中,哈夫曼编码是一种无损压缩方法。它是由 David A. Huffman 于 1951 年在麻省理工学院读博士的时候提出的,该算法是依据信符号出现的概率来构造码字。哈夫曼算法及其变形在数据压缩领域得到广泛应用。许多知名的压缩工具和压缩算法,如 Winrar、gzip、JPEG 和 MPEG 等,都有哈夫曼编码的影子。

6.5.1 基本原理

对于输入信号中出现次数多的信源分配较短的码字,而对出现次数少的信源分配较长的码字,这样信号对应的码组的码长就会变小。

信源发出信号 $S=\{bcbabebadca\}$,其中信源符号集为 $\{a,b,c,d,e\}$,编码符号集为 $\{0,1\}$,按上述思路进行编码。

(1)统计次数。

计算信号中每个信源符号出现的次数,见表 6.3。

表 6.3 信源符号出现的次数

信源符号	出现次数
a	3
b	4
c	2
d	1
e	1

(2)排序。将信源符号按出现次数的多少排序,升序或降序都可以,在本例中以降序排列进行说明,见表 6.4。

表 6.4 信源符号概率排序

序号	信源符号	出现次数
1	b	4
2	a	3
3	c	2
4	d	1
5	e	1

(3)分配码长。

最直接的做法是为出现次数最多的符号 b 分配最短的位长度的码字,为出现次数最少的符号 e 分配最长的 5 位(共 5 个信源符号) 长度的码字,其他符号的码字长度分别为 2、3、4。若按这种分配码长方案进行编码的话,信号 S 编码后的总码长 L 为 24,平均码长 $\bar{L}$ =

$\frac{L}{信号长度} = \frac{24}{10} = 2.4$。而信号 S 编码前的总码长和平均码长分别为 80 和 8(每个信源用 8 位表示)。可见,上述的码长分配效果明显。有没有更好的方案呢? 由于一位码元 0 或 1 可以表示两个数,因此可以将出现次数最多的两个符号用 1 位表示,次多的用 2 位表示,以此类推,得到出现次数最少的 b 用 3 位表示,则新分配方案的平均码长为 1.6,由此,新的分配方案优势明显。

(4) 分配码字。

确定每个信源符号的码长后,就需要用码元为其编码了。在本例中,符号 b 和 a 的码长为 1,那么 b 和 a 的码字分别是 0 和 1,也可以是 1 和 0。符号 c 和 d 码长是两位,有 4 种情况。符号 e 码长是 3 位,有 8 种码字。分配的方式不同,产生的码字就不同。

为了解码时不产生歧义,编码时需要使用前缀码。在一个编码集中,如果任何一个编码都不是其他任何一个编码的前缀,称该编码集为前缀码。例如,{01,11,001,101} 就是一个前缀码。若在二叉树中,约定左分支表示字符"0",右分支表示字符"1",则可以用从根结点到叶子结点的路径上的分支字符串作为该叶子结点字符的编码,得到的编码是前缀编码。由此,针对上述问题,得到的码字分别为:b 对应 10,a 对应 11,c 对应 01,d 对应 000,e 对应 001。

(5) 构成码组。

每个信源符号对应的码字确定后,将信号中每个信源分配给对应的码字,形成码组即可。如 $S = \{bcbabebadca\}$ 对应的码组为{1001101110001101100000111}。

通信中经常用"流"这个词来表示数据有序地进入"处理机",然后再从处理机有序输出。就像流水一样顺序流入和流出,流是有方向的。编码后码字的最小单位是位(bit,比特)。因此把在信道上传输的数据称为比特流(bit stream),比特流是位的时间序列。有时码组也称为比特流。文件以及内存缓冲区中的数据都可称为流。引例就是体现熵编码基本思想的一个例子,由于分配码长和码字方式的不同,便产生了不同的编码方法,哈夫曼编码方法是其中一种。

6.5.2　算法描述

哈夫曼编码需要事先知道每个信源符号的出现概率,在进行实时传输时,需要随时调整符号出现的概率。对不同信号源的编码效率不同,当信号源的符号概率为 2 的负幂次方时可以达到 100% 的编码效率;若信号源符号的概率相等,则编码效率最低。由于 0 与 1 的指定是任意的,故由上述过程编出的最佳码不是唯一的,其平均码长是一样的,故不影响编码效率与数据压缩性能。哈夫曼编码编出来的码都是前缀码,保证了编码的唯一可译性。然而,编码长度不统一,硬件实现有难度。

针对哈夫曼编码的这些特点,研究人员对其进行了改进。例如,将信源分组,每组再进行哈夫曼编码,以提高编码效率;采用固定码表来降低编码的时间,改变了编码和解码的时间不对称性,这样便于用硬件实现,编码和解码电路相对简单;将哈夫曼编码放在去相关冗余之后进行,例如 JPEG 编码中哈夫曼编码针对图像进行 DCT 变换、量化和行程编码后的数据进行编码,此时的数据空间冗余已经很少。

哈夫曼编码算法如下:

输入： (1)输入信号 $S=\{s_1s_2\cdots s_n\}$，其中 n 为信源的个数。 (2)信源符号集 $X=\{x_1,x_2,\cdots,x_m\}$，其中 m 是信源符号集的长度。 (3)编码符号集 $A=\{0,1\}$。
输出： (1)信号 S 对应的码组(比特流)W。 (2)码书 B。
步骤： (1)分别计算信号中每个信源符号出现的概率，得到 $p(x_i),i=1,\cdots,m$。 (2)将 m 个信源符号按其概率大小降序排列。 (3)将最小概率的两个信源符号合在一起形成一个新的辅助符号，并以这两个信源符号概率的和作为新符号的概率。 (4)将新合成的辅助符号与信源符号集中其余的符号依概率降序排列。 (5)反复执行步骤(3)和(4)，直到出现概率为 1 的符号为止。若将上述符号合并的过程用线连接起来，便可形成一个二叉树，称为哈夫曼树。树的 m 个叶结点对应着 m 个信源符号。 (6)从哈夫曼树根结点开始，两个分支分别用 0 和 1 标识。信源符号的码字便是从树根到叶结点所经历过的码元符号的顺序排列。信源符号和对应的码字的集合构成码书 B。 (7)将信号中每个信源符号用其对应的码字代替，并形成比特流 W。

由于哈夫曼树的树根到任何一个叶结点都不会经过其他叶结点，因为如果经过，那个结点就不是叶结点了，因此每个信源符号的码字一定不会是其他信源符号码字的前缀。由此解码时，只需先从码组中读取 k 位码字，然后在码书中查找相匹配的码字，若存在码字，则输出对应的信源符号，否则读取 k+1 位再查找，依次类推，从而完成解码过程。由于编码长度可变，因此译码时间较长，使得哈夫曼编码的压缩与还原比较费时。

哈夫曼解码算法如下：

输入： (1)输入码组 W，码组长度 M。 (2)码书 B。
输出： 信号 S。
步骤： (1)设待译码字长度 $k=1$。 (2)从码组 W 中读取 k 位编码符号，构建待译码字。 (3)在码书 B 中查找是否存在待译码字，若不存在，则 $k=k+1$；否则输出对应的信源符号，并从码组中删除开始的 k 位编码符号，$k=1$。 (4)判断 W 是否为空，若不为空，跳转到第(2)步；否则结束。

6.5.3　编程实现

本节介绍哈夫曼编码的 C++编程实现代码。

```
//ch 为某个字符,weight 为字符出现的次数
typedef struct
{
    char ch;
    int weight;
} charWeight;
/ * weight 为某个结点的权值,parent、lchild、rchild 分别为其双亲结点、左孩子结点和右
孩子结点的下标 * /
typedef struct hftnode
{
    int weight;
    int parent,lchild,rchild;
} HFMNode;
/ * ch 为字符 ASCII 码,即字符名称,start 为编码起始位置的下标,link[ ]用于存储 ch
的 01 字符编码 * /
typedef struct hc
{
    char ch;
    int start;
    char link[300];
} HFMCode;
int HFMCodeLength;
//文件中出现的不同类型的字符数,即哈夫曼树的树叶结点个数
charWeight flist[256];
HFMCode hfmcode[256];
char * str;
char * strOut;

/ * * * * * * * * * * * * * * * * * * * * * * * * * * * * * * * * * * * * *
 * 函数功能:获得文件长度
 * 参数:filename—文件名的字符串
 * * * * * * * * * * * * * * * * * * * * * * * * * * * * * * * * * * * * * /
int getFileLength(char * filename)
{
    FILE * fp;
    int size;
```

```
    fp=fopen(filename,"rb");
    size = filelength(fileno(fp));
    fclose(fp);
    return size;
}

/*************************************
 * 函数功能:将 01 字节编码转换为 01 二进制编码
 * 参数:str_in—输入的字符串;len_in—输入的字符串的长度;
 *      str_out—输出的字符串
 *************************************/
void asc2hex(char *str_in, int len_in, char * str_out)
{
    int val,i,c,j,k;
    int len_out;
    if(len_in%8==0)
        len_out=len_in/8;
    else
        len_out=len_in/8+1;
    k=0;
    for(i=0;i<len_out*8;i+=8)
    {
        c=0;
        for(j=i;j<i+8;j++)
        {
            if(str_in[j]=='0')
                val=0;
            else
                val=1;
            c=val+c*2;
        }
        str_out[k++]=c;
    }
}

/*************************************
 * 函数功能:将 01 二进制编码转换为 01 字节编码
 * 参数:str_in—输入的字符串;len_in—输入的字符串的长度;
 *      str_out—输出的字符串
 *************************************/
```

```
void hex2asc(char *str_in, int len_in, char * str_out)
{
    int i,j,k;
    unsigned char ch;
    k=0;
    for(i=0;i<len_in;i++)
    {
        ch=str_in[i];
        for(j=7;j>=0;j--)
        {
        str_out[k+j]=(ch%2==0)?'0':'1';
        ch=ch>>1;
        }
        k+=8;
    }
}
/*******************************************
* 函数功能:在下标从 0 到 n-1 的范围内查找权值最小的两个子树树根 n1 和 n2
* 参数:n—搜索的结束位置,实际搜索范围为下标从 0 到 n-1;
*        n1—第一个子树的根;n2—第二个子树的根;
*        hfmtree—已经建立的 Huffman 树
*******************************************/
void select(int n,int *n1,int *n2,HFMNode *hfmtree)
{
    int i;
    int min=200000;
    for(i=0;i<n;i++)
    {
        if(min>=hfmtree[i].weight&&hfmtree[i].parent==-1)
        {
            min=hfmtree[i].weight;
            *n2=*n1;
            *n1=i;
            continue;
        }
        if(hfmtree[*n2].weight>hfmtree[i].weight&&hfmtree[i].parent==-1)
            *n2=i;
    }
}
```

```
/******************************************
* 函数功能:根据各个字符出现的次数创建 Huffman 树
* 参数:n—Huffman 树的树叶结点个数;hfmtree—建立的 Huffman 树(函数的输出);
*       flist—字符名称和每个字符出现的次数
******************************************/
void createHuffmanTree(int n, HFMNode hfmtree[], charWeight flist[])
{
    int n1=0,n2=0,i=0;
//为 n 个树叶结点的 weight 和 parent 赋初值
    for(i=0;i<n;i++)
    {
        hfmtree[i].weight=flist[i].weight;
        hfmtree[i].parent=hfmtree[i].lchild=hfmtree[i].rchild=-1;
}
//每次从各个子树的根中选两个权值最小的,并生成新的子树根,循环 n-1 次
    for(i=n;i<(2*n-1);i++)
    {
        n1=n2=i-1;
//新创建的子树无双亲,将双亲 parent 置为-1
        hfmtree[i].parent=-1;
//在已生成的各个子树中选取树根权值最小的两个
        select(i,&n1,&n2,hfmtree);
//新创建的子树的树根权值
        hfmtree[i].weight=hfmtree[n1].weight+hfmtree[n2].weight;
//新创建的子树的左右子树
        hfmtree[i].rchild=n1; hfmtree[i].lchild=n2;
//n1 和 n2 的双亲为新创建的子树树根
        hfmtree[n1].parent=hfmtree[n2].parent=i;
    }
}

/******************************************
* 函数功能:扫描原文件统计各个字符出现的次数
* 参数:src—原文件名;flist—各个字符的名称以及各个字符出现的次数
******************************************/
int readfile(char src[], charWeight flist[])
{
    FILE *fp;
    char ch;
```

```
    int j,i,size,k;
    fp=fopen(src,"rb");
//读取文件的长度
    size = filelength(fileno(fp));
//flist[i].weight 表示 ASCII 码为 i 的字符出现的次数,初始化为零
    for(i=255;i>=0;i--)
        flist[i].weight=0;
//由于不是所有的字符一定会在文件中出现,所以用 i 表示已出现的不同字符种类数
    i=0;
    for(k=0;k<size;k++)
    {
//从原文件读取一个字符 ch
        fread(&ch,1,1,fp);
//在 flist 中查找字符 ch
        for(j=0;j<i&&flist[j].ch! =ch;j++);
//如果在 flist 中没找到,则把 ch 放在 flist 的末尾
        if(j==i)
            flist[i++].ch=ch;
//字符出现次数加 1
        flist[j].weight++;
    }
    fclose(fp);
    HFMCodeLength=i;
    return i;
}

/****************************************
* 函数功能:初始化 Huffman 树中各树叶结点的编码
* 参数:n—树叶结点的个数;hfmcode—Huffman 编码
****************************************/
void initHfmCode(int n,HFMCode *hfmcode)
{
    int i;
    for(i=0;i<n;i++)
    {
//为树叶结点的字符赋值
    hfmcode[i].ch=flist[i].ch;
//link[]下标从 start 到 299 为字符的 01 编码,初始化为 300,表示目前是空的
        hfmcode[i].start=300;
```

```
    }
}

/* * * * * * * * * * * * * * * * * * * * * * * * * * * * * * * * * * * * * *
 * 函数功能:根据 Huffman 树生成各树叶结点的编码
 * 参数:n—树叶结点的个数;hfmtree—Huffman 树;hfmcode—Huffman 编码
 * * * * * * * * * * * * * * * * * * * * * * * * * * * * * * * * * * * * * */
void createHuffmanCode(int n,HFMNode *hfmtree,HFMCode *hfmcode)
{
    int i,node,parent;
    for(i=0;i<n;i++)
    {
//获得当前结点的双亲
        parent=hfmtree[i].parent;
        node=i;
//向树根方向搜索,到达树根时退出循环
        while(parent!=-1)
        {
//判断 node 是 parent 的左孩子还是右孩子
        if(hfmtree[parent].lchild==node)
            hfmcode[i].link[--hfmcode[i].start]='0';
        else
            hfmcode[i].link[--hfmcode[i].start]='1';
//node 和 parent 都上移到自己的双亲结点
            node=parent;
            parent=hfmtree[node].parent;
        }
    }
}
/* * * * * * * * * * * * * * * * * * * * * * * * * * * * * * * * * * * * * *
 * 函数功能:将 huffman 树中各树叶结点的字符编码写成字节编码并生成压缩文件
 * 参数:srcfile—原文件名;desfile—压缩文件名;n—树叶结点个数;
 *       hfmcode—Huffman 编码
 * * * * * * * * * * * * * * * * * * * * * * * * * * * * * * * * * * * * * */
void convertion(char *srcfile,char *desfile,int n,HFMCode *hfmcode)
{
    FILE *fp1,*fp2;
    char ch,*p,cha;
    int len_duiqi;
```

```
    int i,j,k=0,c=0;
    int size;
    p=str;
//fp1 为原文件,fp2 为压缩文件
    fp1=fopen(srcfile,"rb");
    fp2=fopen(desfile,"wb");
    int x;
//读取原文件长度
    size = filelength(fileno(fp1));
    for(x=0;x<size;x++)
    {
//从原文件读一个字符到 ch
    fread(&ch,1,1,fp1);
//在 hfmcode[ ]中找 ch
    for(i=0;i<n;i++)
    {
        if(ch==hfmcode[i].ch)
        {
//将 ch 的 01 编码写到 p 指向的存储单元,暂时每个编码占 1 个字节
//k 为转换后总的二进制 0,1 个数
            for(j=hfmcode[i].start;j<300;j++,k++)
            {
                ch=hfmcode[i].link[j];
                *p++=ch;
            }
            break;
        }
    }
}
//总的编码个数如果不是 8 的整数倍,则在后面补 0,使长度达到 8 的整数倍
    len_duiqi=k%8;
    if(len_duiqi! =0)
        len_duiqi=8-len_duiqi;
    for(i=0;i<len_duiqi;i++)
        *p++='0';
    *p='\0';

    int len,len2;
    unsigned char uch;
```

```
    short int cnum;
    char s3[300],s4[300];
    fp2=fopen(desfile,"wb");
//压缩文件的前两个字节为文件类型内部标识
    uch='H';fwrite(&uch,1,1,fp2);
    uch='F';fwrite(&uch,1,1,fp2);
    cnum=n;//文件中出现的不同类型的字符数,即树叶结点个数
    fwrite(&cnum,2,1,fp2);//文件中出现的不同类型的字符数
    for(i=0;i<n;i++)
{
//将与编码对应的字符写入文件
        fwrite(&(hfmcode[i].ch),1,1,fp2);
//计算树叶结点编码长度
        len=300-hfmcode[i].start;//huffman 编码的二进制数个数
//计算转换成按位存储后的编码字节长度
        if(len%8==0)
            len2=len/8;
        else
            len2=len/8+1;
//将树叶结点编码长度写入文件
        uch=len;
        fwrite(&uch,1,1,fp2);
//将按位存储后的编码字节长度写入文件
        uch=len2;
        fwrite(&uch,1,1,fp2);
//将01 字节编码复制到s3
        for(j=0;j<len;j++)
            s3[j]=hfmcode[i].link[hfmcode[i].start+j];
//将s3 转换为按位存储的编码,保存在s4
        asc2hex(s3,len,s4);
//将按位存储的编码s4 写入文件
        fwrite(s4,len2,1,fp2);
    }
//将长度8 倍的对齐补充长度写入文件
    fwrite(&len_duiqi,sizeof(int),1,fp2);
//i 为按位存储的编码字节长度
    i=k/8;
    if(len_duiqi! =0)
        i++;
```

```
    fwrite(&i,sizeof(int),1,fp2);
//将原文件的 01 编码写入文件,每 8 个一组
    for(i=0;i<k;i+=8)
    {
//将 8 个 01 编码转换为一个字节
    c=0;
    for(j=i;j<i+8;j++)
        c=(str[j]-'0')+c * 2;
        cha=c;
        fwrite(&cha,1,1,fp2);
    }
    fclose(fp1);
    fclose(fp2);
}

/ * * * * * * * * * * * * * * * * * * * * * * * * * * * * * * * * * * * * * * *
 * 函数功能:在 hfmcode 中搜索,判断从 str 开始的 01 编码与 hfmcode 中的哪个编码能
 *          匹配上
 * 参数:len—指定的字符串长度;str—被搜索的字符串;HFMCodeLength—树叶结点个数;
 *      hfmcode—Huffman 编码;cval—匹配上的字符
 * * * * * * * * * * * * * * * * * * * * * * * * * * * * * * * * * * * * * * * /
int searchHuffmanTable(int len, char * str, int HFMCodeLength, HFMCode * hfmcode,
char &cval)
{
    int i,j,flag;
    for(i=0;i<HFMCodeLength;i++)
    {
//如果指定的字符串长度与第 i 个编码的长度不一致,则终止本次循环
        if(len! =300-hfmcode[i].start)
            continue;
        flag=1;
        for(j=0;j<len;j++)
            if(str[j]! =hfmcode[i].link[hfmcode[i].start+j])
            {
                flag=0;
                break;
            }
//如果 flag 的值为 1,则说明字符串匹配成功
        if(flag==1)
```

```
            {
                cval=hfmcode[i].ch;
                return 1;
            }
        }
    return 0;
}

/*************************************
* 函数功能:解压文件
* 参数:descode—压缩文件名;outputfile—解压后的文件名
*************************************/
int decompression(char *descode,char * outputfile)
{
    FILE *fp;
    int i,j,n,k,len,len2,len_duiqi;
    char ch,cval,hcode[300];
    char s4[300];
    char head[4];
    unsigned char uch;
    short int cnum;
    int charlen;
    fp=fopen(descode,"rb");
//验证前两个字节
    fread(head,2,1,fp);
    if(!(head[0]=='H' && head[1]=='F'))
    {
        printf("文件格式不正确。\n");
        return 0;
    }
//读取 Huffman 树的树叶结点个数
    fread(&cnum,2,1,fp);
    n=cnum;
    for(i=0;i<n;i++)
    {
        fread(&ch,1,1,fp);
//读取 Huffman 树树叶结点字符
        hfmcode[i].ch=ch;
//读取树叶结点编码的 01 字符数
```

```
        fread(&uch,1,1,fp);
        len=uch;
//读取树叶结点编码的字节长度
        fread(&uch,1,1,fp);
        len2=uch;
//读取树叶结点的编码
        fread(hcode,len2,1,fp);
//将树叶结点的编码转换为按字节存储的 01 码
        hfmcode[i].start=300-len;
        hex2asc(hcode,len2,s4);
//将树叶结点的 01 编码保存到数组 link 中
        for(j=0;j<len;j++)
            hfmcode[i].link[hfmcode[i].start+j]=s4[j];
    }
    HFMCodeLength=n;
//读取长度 8 倍的对齐补充长度
    fread(&len_duiqi,sizeof(int),1,fp);
//读取按位存储的编码字节长度
    fread(&charlen,sizeof(int),1,fp);
    k=0;
    for(i=0;i<charlen;i++)
    {
//读取压缩文件的一个字节
        fread(&ch,1,1,fp);
//将该字节转换为 8 个二进制位
        for(j=7;j>=0;j--)
        {
        str[k+j]=(ch%2==0)?'0'+0:'0'+1;
        ch=ch>>1;
        }
        k+=8;
    }
//k 为去除对齐长度后的实际的 01 字符串长度
    k -= len_duiqi;
    len=k;
    FILE *fp2;
//fp2 为输出文件
    fp2=fopen(outputfile,"wb");
//用 cur 记录在 str 串处理的当前位置
```

```
    int cur;
    k=0;
    for(cur=0;cur<len;)
    {
        for(j=1;j<200;j++)
        {
//在 hfmcode 中搜索,判断从当前位置开始的 01 编码与 hfmcode 中的哪个编码能匹配上
            if(searchHuffmanTable(j,str+cur,HFMCodeLength,hfmcode,cval))
            {
//将对应的字符保存到 strOut
                strOut[k++]=cval;
                cur+=j;
                break;
            }
        }
    }
    fwrite(strOut,k,1,fp2);
    fclose(fp2);
    return 1;
}

/*************************************
* 函数功能:文件压缩
* 参数:file_input—原文件名;file_output—压缩文件名
*************************************/
void compression(char file_input[300],char file_output[300])
{
    HFMCode hfmcode[256];
    HFMNode hfmtree[512];
//扫描原文件统计各个字符出现的次数
    readfile(file_input,flist);
//初始化 hfmcode
    initHfmCode(HFMCodeLength,hfmcode);
//创建 Huffman 树
    createHuffmanTree(HFMCodeLength,hfmtree,flist);
//根据 Huffman 树产生各个树叶结点的编码
    createHuffmanCode(HFMCodeLength,hfmtree,hfmcode);
//将原文件转换为压缩文件
    convertion(file_input,file_output,HFMCodeLength,hfmcode);
```

```
    printf("压缩前文件长度:%d 字节\n",getFileLength(file_input));
    printf("压缩后文件长度:%d 字节\n",getFileLength(file_output));
}

/*************************************
 * 函数功能:主函数
 *************************************/
int main()
{
    char ch;
    int flag;
    str=new char[800000000];
    strOut=new char[100000000];
    flag=1;
    char fnameIn[50],fnameOut[50];
    for(;flag==1;)
    {
        printf("\n========= 文件压缩程序 ==========\n");
        printf("1.创建压缩文件\n");
        printf("2.解压缩文件\n");
        printf("3.退出\n");
        printf("===========================\n");
        fflush(stdin);
        scanf("%c",&ch);
        switch(ch)
        {

            case '1':printf("请输入原始文件名(包括路径):\n");
                scanf("%s",fnameIn);
                printf("请输入压缩文件名(包括路径):\n");
                scanf("%s",fnameOut);
                compression(fnameIn,fnameOut); break;
            case '2':printf("请输入压缩文件名(包括路径):\n");
                scanf("%s",fnameIn);
                printf("请输入解压缩文件名(包括路径):\n");
                scanf("%s",fnameOut);
                decompression(fnameIn,fnameOut);
                break;
            case '3':flag=0;
```

```
        }
    }
    delete [ ]str;
    delete [ ]strOut;
    return 0;
}
```

6.6 本章小结

图像压缩是数据压缩技术在数字图像上的应用,它的目的是减少图像数据中的冗余信息从而以更加高效的格式存储和传输数据。图像压缩的基本过程可以概括为映射变换、量化和熵编码三个步骤。图像解压缩的过程与压缩过程正好相反,可分为熵解码、反量化和反映射变换三个步骤。本章首先对图像压缩的基本概念进行了介绍,然后介绍了主要的图像压缩方法,包括行程编码、词典编码、算术编码和哈夫曼编码,最后以哈夫曼压缩编码为例,给出了图像压缩的程序代码并添加了详细的注释。

第 7 章

傅里叶变换

图像处理的方法主要有两类:空间域图像处理和频域图像处理。前面几章介绍的点运算、领域运算、几何变换和数学形态学处理等都是直接对图像进行处理,都属于空间域图像处理。频域处理是另一类非常重要的处理图像的方法,它的主要思路是把一维的信号(例如声音信号)或二维的图像表示为若干频率信号的叠加,然后通过增强或减弱或者舍弃某些频率的信号来达到图像压缩、去除噪声、图像整体轮廓提取等目的。频域图像处理包括傅里叶变换、离散余弦变换、Harr 变换、小波变换等。本章主要介绍傅里叶变换,对其他几种变换感兴趣的读者,可以参考相关著作。

7.1 傅里叶变换的基本概念

傅里叶变换(Fourier Transform,FT)是把一个信号拆分为多个余弦信号的叠加从而对信号进行分析和处理的方法。每个余弦信号包括幅度、相位和频率等主要属性。图 7.1 的例子直观地给出了余弦信号改变幅度、相位和频率后与原信号的对比情况:图 7.1(b)为图 7.1(a)保存相位和频率不变,只增加幅度的结果;图 7.1(c)为图 7.1(a)保存幅度和频率不变,只改变相位的结果;图 7.1(d)为图 7.1(a)保存相位和幅度不变,只增加频率的结果。

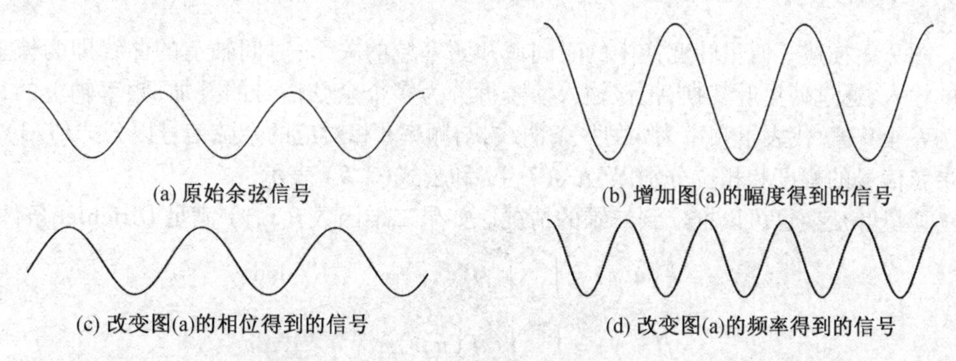

图 7.1　余弦信号的幅度、相位与频率

假设 $f(x)$ 为 x 的函数,如果 $f(x)$ 满足下面的 Dirichlet 条件:

(1) 具有有限个间断点。

(2) 具有有限个极值点。

(3) 绝对可积。

定义 $f(x)$ 的傅里叶变换为

$$F(u)=\int_{-\infty}^{+\infty} f(x)\mathrm{e}^{-\mathrm{j}2\pi ux}\mathrm{d}x \tag{7.1}$$

它的逆变换公式为

$$f(x)=\int_{-\infty}^{+\infty} F(u)\mathrm{e}^{\mathrm{j}2\pi ux}\mathrm{d}u \tag{7.2}$$

式中,x 为时域变量,也称为空域变量,表示信号的时间轴的一个点或者图像的像素点坐标;u 为频域变量,表示某个频率值。上述公式中

$$\mathrm{e}^{\mathrm{j}2\pi ux}=\cos(2\pi ux)+\mathrm{j}\sin(2\pi ux)$$

其中,j 为虚数单位,$\mathrm{j}=\sqrt{-1}$。

对时域信号做傅里叶变换的结果是复数,这个复数由实部和虚部两部分组成。假设复数 $F(u)$ 的实部为 $R(u)$,虚部为 $I(u)$,则

$$F(u)=R(u)+\mathrm{j}I(u) \tag{7.3}$$

$F(u)$ 的模为

$$|F(u)|=\sqrt{R(u)^2+I(u)^2} \tag{7.4}$$

$F(u)$ 的相位为

$$\varphi(u)=\arctan\frac{I(u)}{R(u)} \tag{7.5}$$

定义 $F(u)$ 的能量为

$$E(u)=R(u)^2+I(u)^2 \tag{7.6}$$

傅里叶变换是把一个时域信号作为输入,输出它的各个频率成分的模和相位的过程。傅里叶反变换,则是把与各个频率成分对应的复数作为输入,输出它的时域信号的过程。在傅里叶变换中,每个 u 都对应于一个余弦信号。对于某个具体的 u 值,u 表示余弦信号的频率。例如,当 $u=5$ 时,表示在输入信号的整个时间(空间)长度内,余弦信号总共完成了5个 2π 周期;$F(u)$ 的模表示与 u 对应的余弦信号的幅度;$F(u)$ 的相位表示与 u 对应的余弦信号的相位。

图7.2描述了傅里叶变换中的时间域和频率域的关系:时间轴上的曲线即为傅里叶变换的输入,通过傅里叶变换,把该输入信号拆分为多个余弦信号的叠加,频率轴上的每个点即为一个 u 值,代表了频率为 u 的一条曲线,与频率 u 相对应的余弦信号以公式(7.3)表示,此余弦信号的幅度和相位分别以公式(7.4)和公式(7.5)表示。

傅里叶变换也可以推广到二维的情况。如果二维函数 $f(x,y)$ 满足 Dirichlet 条件,那么

$$F(u,v)=\int_{-\infty}^{+\infty}\int_{-\infty}^{+\infty} f(x,y)\mathrm{e}^{-\mathrm{j}2\pi(ux+vy)}\mathrm{d}x\mathrm{d}y \tag{7.7}$$

$$f(x,y)=\int_{-\infty}^{+\infty}\int_{-\infty}^{+\infty} F(u,v)\mathrm{e}^{\mathrm{j}2\pi(ux+vy)}\mathrm{d}u\mathrm{d}v \tag{7.8}$$

对于一组具体的 (u,v),假设 $F(u,v)=R(u,v)+\mathrm{j}I(u,v)$,其中 $R(u,v)$ 为实部,$I(u,v)$ 为虚部,则 $F(u,v)$ 的模为

$$|F(u,v)|=\sqrt{R(u,v)^2+I(u,v)^2} \tag{7.9}$$

$F(u,v)$ 的相位为

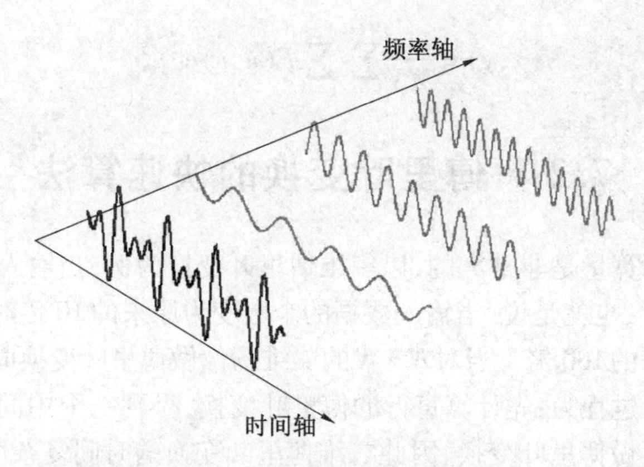

图 7.2　时间域与频率域的关系

$$\varphi(u,v)=\arctan\frac{I(u,v)}{R(u,v)} \tag{7.10}$$

定义 $F(u,v)$ 的能量为

$$E(u,v)=R(u,v)^2+I(u,v)^2 \tag{7.11}$$

上述的傅里叶变换为连续信号的傅里叶变换,由于构成图像的各个像素点的坐标并不连续,例如,不存在坐标为(5.27, 9.86) 的像素点,因此,上述傅里叶变换不能直接应用于数字图像。为了在数字图像中应用傅里叶变换,必须通过离散傅里叶变换(Discrete Fourier Transform,DFT) 来实现。如果 $f(x)$ 为一个长度为 N 的离散信号序列,则其离散傅里叶变换为

$$F(u)=\sum_{x=0}^{N-1}f(x)\mathrm{e}^{-\mathrm{j}\frac{2\pi ux}{N}} \tag{7.12}$$

离散傅里叶反变换为

$$f(x)=\frac{1}{N}\sum_{u=0}^{N-1}F(u)\mathrm{e}^{\mathrm{j}\frac{2\pi ux}{N}} \tag{7.13}$$

如果定义 $W=\mathrm{e}^{\mathrm{j}\frac{2\pi}{N}}$,将 $W=\mathrm{e}^{\mathrm{j}\frac{2\pi}{N}}$ 分别代入公式(7.12) 和公式(7.13),得

$$F(u)=\sum_{x=0}^{N-1}f(x)W^{-ux} \tag{7.14}$$

$$f(x)=\frac{1}{N}\sum_{u=0}^{N-1}F(u)W^{ux} \tag{7.15}$$

一维离散傅里叶变换可以表示为

$$\begin{bmatrix}F(0)\\F(1)\\\vdots\\F(N-1)\end{bmatrix}=\begin{bmatrix}W^0 & W^0 & \vdots & W^0\\W^0 & W^{1\times1} & \vdots & W^{(N-1)\times1}\\\vdots & \vdots & \vdots & \vdots\\W^0 & W^{1\times(N-1)} & \vdots & W^{(N-1)\times(N-1)}\end{bmatrix}\begin{bmatrix}f(0)\\f(1)\\\vdots\\f(N)\end{bmatrix} \tag{7.16}$$

类似于连续函数的傅里叶变换,离散二维函数也可以进行傅里叶变换。二维傅里叶变换的公式为

$$F(u,v)=\sum_{x=0}^{M-1}\sum_{y=0}^{N-1}f(x,y)\mathrm{e}^{-\mathrm{j}2\pi\left(\frac{ux}{M}+\frac{vy}{N}\right)} \tag{7.17}$$

二维傅里叶反变换的公式为

$$f(x,y)=\frac{1}{MN}\sum_{u=0}^{M-1}\sum_{v=0}^{N-1}F(u,v)\mathrm{e}^{\mathrm{j}2\pi\left(\frac{ux}{M}+\frac{vy}{N}\right)} \tag{7.18}$$

7.2 傅里叶变换的快速算法

傅里叶变换的计算量是非常大的,以一维傅里叶变换为例,当输入数据的个数为 N 时,时间复杂度为 $O(N^2)$,也就是说,当输入数据的个数变为原来的10倍时,傅里叶变换所需要的时间大约变为原来的100倍。当对 $N\times N$ 的二维图像做傅里叶变换时,情况会更复杂。二维傅里叶变换的计算过程为:先计算每行的傅里叶变换,得到一个中间结果,然后再对这个中间结果的每一列再做傅里叶变换,因此二维傅里叶变换的时间复杂度为 $O(N^3)$。假设图像的宽和高都变为原来的10倍,达到 $10N\times10N$ 大小,则每行上的傅里叶变换的时间变为原来的100倍,由于行数变为原来的10倍,所以计算各行的傅里叶变换所需的时间变为原来的1 000倍,计算各列的傅里叶变换,所需时间也大约变为了原来的1 000倍。当图像很大时,傅里叶变换的计算量是非常可观的。

Cooley 和 Tukey 提出了一种快速傅里叶变换(Fast Fourier Transform,FFT) 算法,该算法可以使一维傅里叶变换的时间复杂度下降到 $O(N\log_2 N)$。以刚才的例子为例:在一维傅里叶变换时,如果 N 变为原来的10倍,则傅里叶变换所需的时间大约变为原来的34倍。N 的值越大,快速傅里叶变换节省时间就越明显。

观察公式(7.16) 的系数矩阵,发现里面有很多 W^z 形式的项,由于 $W=\mathrm{e}^{\mathrm{j}\frac{2\pi}{N}}$,所以有 $W^{S+N}=W^S\times W^N=W^S\times\mathrm{e}^{\mathrm{j}\frac{2\pi}{N}N}=W^S$,即 W^z 的值是以 N 为周期的。再看另一种情况:$W^{S+\frac{N}{2}}=W^S\times W^{\frac{N}{2}}=W^S\times\mathrm{e}^{\mathrm{j}\frac{2\pi}{N}\frac{N}{2}}=-W^S$,即指数相差 $\frac{N}{2}$ 时,值正好相反。以 $N=4$ 为例,此时公式(7.16) 的系数矩阵为

$$\begin{bmatrix} W^0 & W^0 & W^0 & W^0 \\ W^0 & W^1 & W^2 & W^3 \\ W^0 & W^2 & W^4 & W^6 \\ W^0 & W^3 & W^6 & W^9 \end{bmatrix} \tag{7.19}$$

根据 W^z 以 $N=4$ 为周期,可以得出 $W^0=W^4=W^8$,$W^1=W^5=W^9$,$W^2=W^6=W^{10}$,$W^3=W^7=W^{11}$,所以系数矩阵(7.19) 等于

$$\begin{bmatrix} W^0 & W^0 & W^0 & W^0 \\ W^0 & W^1 & W^2 & W^3 \\ W^0 & W^2 & W^0 & W^2 \\ W^0 & W^3 & W^2 & W^1 \end{bmatrix} \tag{7.20}$$

根据 W^z 指数相差 $\frac{N}{2}$ 时,值正好相反的特点,可以得出 $W^2=-W^0$,$W^3=-W^1$,所以系数矩阵(7.20) 等于

$$\begin{bmatrix} W^0 & W^0 & W^0 & W^0 \\ W^0 & W^1 & -W^0 & -W^1 \\ W^0 & -W^0 & W^0 & -W^0 \\ W^0 & -W^1 & -W^0 & W^1 \end{bmatrix} \tag{7.21}$$

通过上面的例子可以看出,系数矩阵中有很多数据是重复的,不需要对每个系数都直接计算。

假设 $N=2^\alpha$(α 为正整数),并按数组下标的奇偶性将 $f(n)$ 分为两组:

$$\begin{cases} g(n)=f(2n) \\ h(n)=f(2n+1) \end{cases} \quad \left(n=0,1,2,\cdots,\frac{N}{2}-1\right)$$

那么,可以分别对 $g(n)$ 和 $h(n)$ 做傅里叶变换:

$$\begin{aligned} X(m) &= \sum_{n=0}^{N-1} f(n) W_N^{mn} \\ &= \sum_{n=0}^{\frac{N}{2}-1} f(2n) W_N^{m(2n)} + \sum_{n=0}^{\frac{N}{2}-1} f(2n+1) W_N^{m(2n+1)} \\ &= \sum_{n=0}^{\frac{N}{2}-1} f(2n) e^{j\frac{2\pi}{N}m(2n)} + \sum_{n=0}^{\frac{N}{2}-1} f(2n+1) e^{j\frac{2\pi}{N}m(2n)} e^{j\frac{2\pi}{N}m} \\ &= \sum_{n=0}^{\frac{N}{2}-1} f(2n) e^{j\frac{2\pi}{N/2}mn} + \sum_{n=0}^{\frac{N}{2}-1} f(2n+1) e^{j\frac{2\pi}{N/2}mn} e^{j\frac{2\pi}{N}m} \\ &= \sum_{n=0}^{\frac{N}{2}-1} f(2n) W_{\frac{N}{2}}^{mn} + \sum_{n=0}^{\frac{N}{2}-1} f(2n+1) W_{\frac{N}{2}}^{mn} W_N^m \\ &= G(m) + W_N^m H(m) \end{aligned}$$

根据以上的推导过程,求 N 个点的离散傅里叶变换可以转换为两个求 $\frac{N}{2}$ 点的离散傅里叶变换。例如,当 $N=8$ 时,有

$$\begin{cases} X(0)=G(0)+W_8^0 H(0) \\ X(1)=G(1)+W_8^1 H(1) \\ X(2)=G(2)+W_8^2 H(2) \\ X(3)=G(3)+W_8^3 H(3) \\ X(4)=G(4)+W_8^4 H(4) \\ X(5)=G(5)+W_8^5 H(5) \\ X(6)=G(6)+W_8^6 H(6) \\ X(7)=G(7)+W_8^7 H(7) \end{cases}$$

由于 $G(m)$ 和 $G(m)$ 都是以 4 为周期,另外,由于 $W_8^k=-W_8^{k+4}$,所以上式可以表示为

$$\begin{cases} X(0)=G(0)+W_8^0H(0) \\ X(1)=G(1)+W_8^1H(1) \\ X(2)=G(2)+W_8^2H(2) \\ X(3)=G(3)+W_8^3H(3) \\ X(4)=G(0)-W_8^0H(0) \\ X(5)=G(1)-W_8^1H(1) \\ X(6)=G(2)-W_8^2H(2) \\ X(7)=G(3)-W_8^3H(3) \end{cases}$$

在上式中,$G(0)$、$H(0)$、$X(0)$ 和 $X(4)$ 之间的计算过程可以用图 7.3 表示,由于该图的形状像一只蝴蝶,所以一般称其为蝶形运算单元。同理,$G(1)$、$H(1)$、$X(1)$ 和 $X(5)$ 之间的计算过程也可以用一个蝶形运算单元表示,把所有的输入和输出放在一起,就得到了图 7.4 所示的蝶形算法一级分解图。

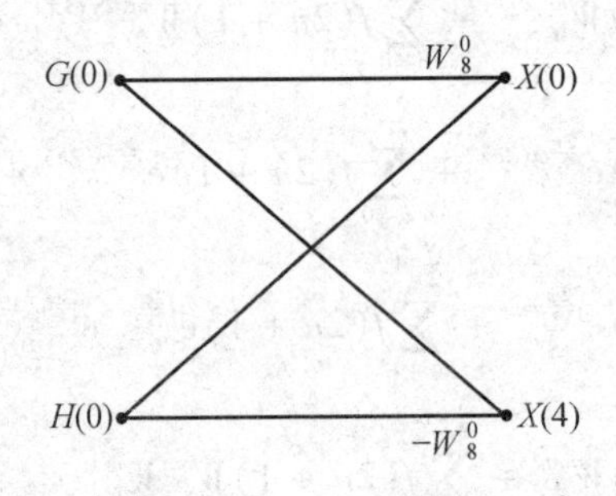

图 7.3　蝶形运算单元

通过上面的计算过程可以发现,通过把 N 个点分为两组(每组 $N/2$ 个点),可以减少傅里叶变换的计算量,按照这个办法,在计算 $N/2$ 个点的傅里叶变换时,如果把点分为两组(每组 $N/4$ 个点),同样可以减少计算量。按照这个过程一直分解下去,则计算量可以达到最少。以 $N=8$ 为例,在拆分为 $G(m)$ 和 $H(m)$ 之后,如果再对它们按照奇偶分组:

$$\begin{cases} q(n)=g(2n) \\ r(n)=g(2n+1) \end{cases} \quad \left(n=0,1,2,\cdots,\frac{N}{4}-1\right)$$

$$\begin{cases} s(n)=h(2n) \\ t(n)=h(2n+1) \end{cases} \quad \left(n=0,1,2,\cdots,\frac{N}{4}-1\right)$$

则有

$$\begin{aligned} G(m) &= \sum_{n=0}^{\frac{N}{2}-1} g(n)W_{\frac{N}{2}}^{mn} = \sum_{n=0}^{\frac{N}{4}-1} g(2n)W_{\frac{N}{2}}^{m(2n)} + \sum_{n=0}^{\frac{N}{2}-1} g(2n+1)W_{\frac{N}{2}}^{m(2n+1)} \\ &= \sum_{n=0}^{\frac{N}{4}-1} q(n)W_{\frac{N}{4}}^{mn} + \sum_{n=0}^{\frac{N}{4}-1} r(n)W_{\frac{N}{4}}^{mn}W_{\frac{N}{2}}^{m} = Q(m)+W_N^{2m}R(m) \end{aligned}$$

同理

$$H(m)=S(m)+W_N^{2m}T(m)$$

当 $N=8$ 时,根据上面的公式有

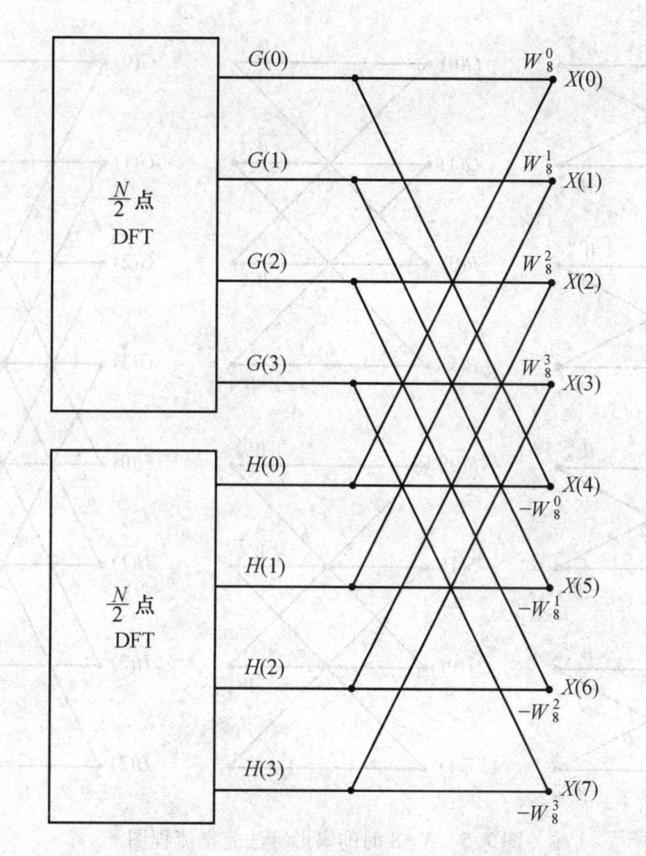

图 7.4　$N = 8$ 时的蝶形算法一级分解图

$$\begin{cases} G(0) = Q(0) + W_8^0 R(0) \\ G(1) = Q(1) + W_8^2 R(1) \\ G(2) = Q(0) - W_8^0 R(0) \\ G(3) = Q(1) - W_8^2 R(1) \end{cases} \qquad \begin{cases} H(0) = S(0) + W_8^0 T(0) \\ H(1) = S(1) + W_8^2 T(1) \\ H(2) = S(0) - W_8^0 T(0) \\ H(3) = S(1) - W_8^2 T(1) \end{cases}$$

此时,$Q(m)$、$R(m)$、$S(m)$ 和 $T(m)$ 都是两点的 DFT,它们可以由原始数据计算得到

$$\begin{cases} Q(0) = f(0) + W_8^0 f(4) \\ Q(1) = f(0) - W_8^0 f(4) \end{cases} \qquad \begin{cases} R(0) = f(2) + W_8^0 f(6) \\ R(1) = f(2) - W_8^0 f(6) \end{cases}$$

$$\begin{cases} S(0) = f(1) + W_8^0 f(5) \\ S(1) = f(1) - W_8^0 f(5) \end{cases} \qquad \begin{cases} T(0) = f(3) + W_8^0 f(7) \\ T(1) = f(3) - W_8^0 f(7) \end{cases}$$

综上所述,8 点 FFT 的蝶形算法完整流程图如图 7.5 所示。图 7.6 为快速傅里叶变换算法逐级分解运算框图。根据该运算框图,每做一次分解,分组的数目都变为上次分组数目的 2 倍,所以,当有 N 个点时,需要做 $\log_2 N$ 次分解。与标准的傅里叶变换相比,快速傅里叶变换能大大减少计算量。但是一个重要的前提是:输入的数据点的个数必须是 2 的正整数次幂。

观察图 7.6 可以发现,快速傅里叶变换的输出是按正常顺序递增排列的,但是输入是按照一种叫作“码位倒序”的方式排列的。它的计算过程是:先将十进制数转换为二进制数,把二进制数的各个二进制位左右交换,再把交换后的二进制数转换为十进制数,即得到了码位倒序。例如,38 的二进制位 100110,左右交换后变为 011001,再转换为十进制,得到 25,

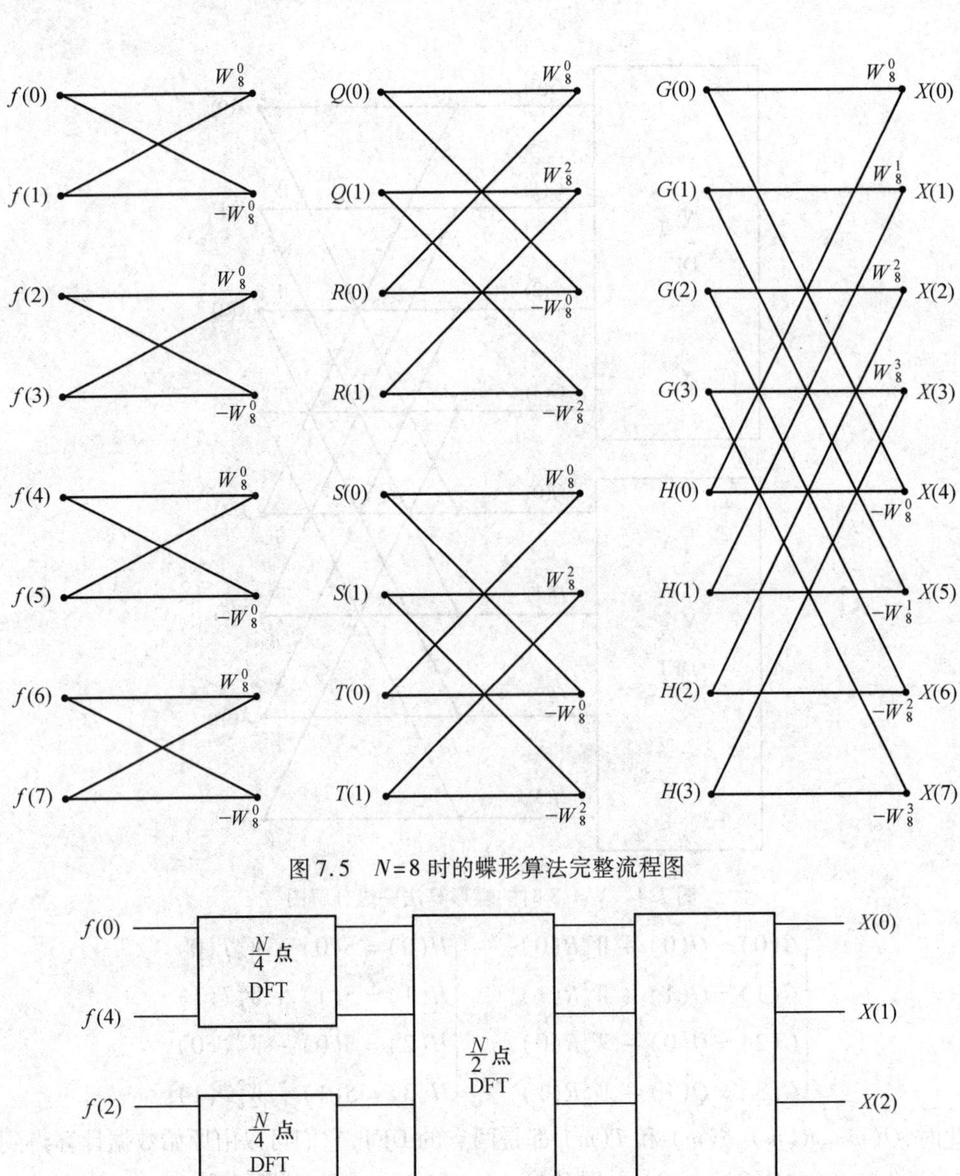

图 7.5　$N=8$ 时的蝶形算法完整流程图

图 7.6　$N=8$ 时的快速傅里叶变换算法逐级分解运算框图

则 38 的码位倒序为 25。表 7.1 给出了 $N=8$ 时的自然顺序与码位倒序的对应关系。

表 7.1　$N=8$ 时的自然顺序与码位倒序的对应关系

十进制数	二进制数	二进制数的码位倒序	码位倒序后的十进制数
0	000	000	0
1	001	100	4
2	010	010	2
3	011	110	6
4	100	001	1
5	101	101	5
6	110	011	3
7	111	111	7

7.3　快速傅里叶变换算法的编程实现

具体算法如下:

```
//复数的结构体的定义
typedef struct
{
    double real;    //实部
    double imag;    //虚部
}complexType;

/************************************
 * 函数功能:复数加法运算
 * 参数:cp1 和 cp2—做加法的两个复数
 * 返回值:cp1 和 cp2 做加法运算的结果
*************************************/
complexType CNewfftDoc::Add(complexType cp1, complexType cp2)
{
    complexType cp;
    cp.real=cp1.real+cp2.real;
    cp.imag=cp1.imag+cp2.imag;
    return cp;
}

/************************************
 * 函数功能:复数减法运算
 * 参数:cp1 和 cp2—做减法的两个复数
```

```
* 返回值:cp1 和 cp2 做减法运算的结果
*************************************/
complexType CNewfftDoc::Sub(complexType cp1, complexType cp2)
{
    complexType cp;
    cp.real=cp1.real-cp2.real;
    cp.imag=cp1.imag-cp2.imag;
    return cp;
}

/************************************
* 函数功能:复数乘法运算
* 参数:cp1 和 cp2—做乘法的两个复数
* 返回值:cp1 和 cp2 做乘法运算的结果
*************************************/
complexType CNewfftDoc::Mul(complexType cp1, complexType cp2)
{
    complexType cp;
    cp.real=cp1.real * cp2.real-cp1.imag * cp2.imag;
    cp.imag=cp1.real * cp2.imag+cp2.real * cp1.imag;
    return cp;
}

/************************************
* 函数功能:一维快速傅里叶变换
* 参数:timeData—时间域(空间域)数据;
      freqData—频域数据,即快速傅里叶变换的输出
*************************************/
void CNewfftDoc::FFT(complexType * timeData, complexType * freqData, int count)
{
    intnumberOfStep;
    inti,j,k;
    intsize,p;
    doubleangle;
    complexType *W, *F1, *F2, *temp;
    // 计算傅里叶变换总共需要多少级分解
    numberOfStep=0;
    i=1;
    while(i<count)
```

```
    {
        i *= 2;
        numberOfStep++;
    }
    // 分配存储空间
    W  = new complexType[count/2];
    F1 = new complexType[count];
    F2 = new complexType[count];
    // 计算 W[i]
    for(i=0;i<count/2;i++)
    {
        angle=-i*3.1415926*2/count;
        W[i].real=cos(angle);
        W[i].imag=sin(angle);
    }
    //将时域数据拷贝到 F1
    memcpy(F1,timeData,sizeof(complexType)*count);
    //采用蝶形算法进行快速傅里叶变换
    for(k=0;k<numberOfStep;k++)
    {
        for(j=0;j<1<<k;j++)
        {
            size=1<<(numberOfStep-k);
            for(i=0;i<size/2;i++)
            {
//计算 F2[i + p]和 F2[i + p + size / 2]
                p=j*size;
                F2[i+p]=Add(F1[i+p],F1[i+p+size/2]);
                F2[i+p+size/2] = Mul(Sub(F1[i+p],F1[i+p+size/2]),W[i*(1<<k)]);
            }
        }
        temp=F1;
        F1=F2;
        F2=temp;
    }
    //按码位倒序重新排序
    for(j=0;j<count;j++)
    {
//p 是 j 的码位倒序
```

```
    p = 0;
    for(i=0;i<numberOfStep;i++)
//1 左移 i 位,并检查 j 的第 i 个二进制位是否等于 1
        if (j&(1<<i))
//将 1 左移 numberOfStep-i-1 位的结果累加到变量 p
            p+=1<<(numberOfStep-i-1);
        freqData[j]=F1[p];
    }
    // 释放内存
    delete []W;
    delete []F1;
    delete []F2;
}

/********************************
 * 函数功能:一维快速傅里叶反变换
 * 参数:freqData—频域数据;
 *      timeData—时间域(空间域)数据,即快速傅里叶反变换的输出
********************************/
void CNewfftDoc::IFFT(complexType * freqData, complexType * timeData, int count)
{
    int  numberOfStep;
    inti,j,k;
    int  size,p;
    double  angle;
    complexType *W, *F1, *F2, *temp;
    // 计算傅里叶反变换总共需要多少级分解
    numberOfStep=0;
    i=1;
    while(i<count)
    {
        i *= 2;
        numberOfStep++;
    }
    // 分配存储空间
    W= new complexType[count/2];
    F1 = new complexType[count];
    F2 = new complexType[count];
    // 计算 W[i]
```

```
    for(i=0;i<count/2;i++)
    {
        angle=i*3.1415926*2/count;
        W[i].real=cos(angle);
        W[i].imag=sin(angle);
    }
    // 将频域数据拷贝到 F1
    memcpy(F1,freqData,sizeof(complexType)*count);
    // 采用蝶形算法进行快速傅里叶反变换
    for(k=0;k<numberOfStep;k++)
    {
        for(j=0;j<1<<k;j++)
        {
            size=1<<(numberOfStep-k);
            for(i=0;i<size/2;i++)
            {
//计算 F2[i + p]和 F2[i + p + size / 2]
                p=j*size;
                F2[i+p]=Add(F1[i+p],F1[i+p+size/2]);
                F2[i+p+size/2] = Mul(Sub(F1[i+p],F1[i+p+size/2]),W[i*(1<<k)]);
            }
        }
        temp=F1;
        F1=F2;
        F2=temp;
    }
    //按码位倒序重新排序
    for(j=0;j<count;j++)
    {
//p 是 j 的码位倒序
        p = 0;
        for(i=0;i<numberOfStep;i++)
//1 左移 i 位,并检查 j 的第 i 个二进制位是否等于 1
            if (j&(1<<i))
//将 1 左移 numberOfStep-i-1 位的结果累加到变量 p
                p+=1<<(numberOfStep-i-1);
        timeData[j].real=F1[p].real/count;
        timeData[j].imag=F1[p].imag/count;
    }
```

```
    // 释放内存
    delete [ ]W;
    delete [ ]F1;
    delete [ ]F2;
}

/*************************************
 * 函数功能:实现二维快速傅里叶变换,并计算图像的幅度谱
 * 参数:image—图像数据,在函数运行前,image 存储输入的图像,在函数运行后,image
 *         存储图像的幅度谱;m_x—图像的宽;m_y—图像的高
 *************************************/
int CNewfftDoc::Fourier2D(unsigned char * image, int m_x, int m_y)
{
    double dVal;//临时变量
    inti,j,x,y,nx,ny;
    i=1;
    while(i<m_x)
        i * =2;
//如果图像的宽不是 2 的整数次幂,则退出
    if(i! =m_x)
    return 0;
    i=1;
    while(i<m_y)
        i * = 2;
//如果图像的高不是 2 的整数次幂,则退出
    if(i! =m_y)
        return 0;
//分配存储空间
    complexType *timeData=new complexType[m_x * m_y];
    complexType *freqData=new complexType[m_x * m_y];
    for(i=0;i<m_y;i++)
        for(j=0;j<m_x;j++)
        {
//给时域数据赋初值,im=0 即相位为 0
                timeData[j+m_x * i].real=image[i * m_x+j];
                timeData[j+m_x * i].imag=0;
        }
// 对 y 方向进行快速傅里叶变换
    for(i=0;i<m_y;i++)
```

```
            FFT(&timeData[m_x * i], &freqData[m_x * i],m_x);
    // 保存变换结果
        for(i=0;i<m_y;i++)
            for(j=0;j<m_x;j++)
                timeData[j * m_y+i]=freqData[i * m_x+j];
    // 对 x 方向进行快速傅里叶变换
        for(i=0;i<m_x;i++)
            FFT(&timeData[i * m_y],&freqData[i * m_y],m_y);
    //计算幅度谱
        for(y=0;y<m_y;y++)
            for(x=0;x<m_x;x++)
            {
    //计算(i,j)点的频谱幅度
                dVal = sqrt(freqData[x * m_y+y].real * freqData[x * m_y+y].real+
                    freqData[x * m_y+y].imag * freqData[x * m_y+y].imag)/100;
    //如果超过 255,直接设置为 255
                if (dVal > 255)
                    dVal = 255;
    //如果小于 0,直接设置为 0
                if(dVal<0)
                    dVal=0;
    /* 正常情况下,傅里叶频谱的能量主要集中在图像的四个角,为了便于观察,将频谱在
水平方向平移半个图像宽度,在垂直方向上平移半个图像高度点(x,y)经过平移后,位置变
为(nx,ny) */
                if(y<m_y/2)
                    ny=y+m_y/2;
                else
                    ny=y-m_y/2;
                if(x<m_x/2)
                    nx=x+m_x/2;
                else
                    nx=x-m_x/2;
                image[ny * m_x+nx]=dVal;
            }
    //释放空间
        delete []timeData;
        delete []freqData;
        return 1;
    }
```

```
/****************************************
 * 函数功能:先将一幅图像通过二维快速傅里叶变换转换为傅里叶频谱,然后在频谱
 *          上做带通滤波,最后再将带通滤波后的傅里叶频谱通过二维快速傅里叶
 *          反变换转换为图像
 * 参数:image—图像数据,在函数运行前,image 存储输入的图像,在函数运行后,
 *      image 存储带通滤波后的图像;m_x—图像的宽;m_y—图像的高;
 *      r_min—带通滤波的频率下界;r_max—带通滤波的频率上界
 ****************************************/
int CNewfftDoc::FourierBandPass( unsigned char * image, int m_x, int m_y, double r_
min, double r_max)
{
    double dVal;//临时变量
    inti,j,x,y;
    i=1;
    while(i<m_x)
        i*=2;
//如果图像的宽不是 2 的整数次幂,则退出
    if(i! =m_x)
        return 0;
    i=1;
    while(i<m_y)
        i*= 2;
//如果图像的高不是 2 的整数次幂,则退出
    if(i! =m_y)
        return 0;
//分配存储空间
    complexType *timeData=new complexType[m_x*m_y];
    complexType *freqData=new complexType[m_x*m_y];
    for(i=0;i<m_y;i++)
        for(j=0;j<m_x;j++)
        {
//给时域数据赋初值,im=0 即相位为 0
            timeData[j+m_x*i].real=image[i*m_x+j];
            timeData[j+m_x*i].imag=0;
        }
// 对 y 方向进行快速傅里叶变换
    for(i=0;i<m_y;i++)
        FFT( &timeData[m_x*i], &freqData[m_x*i],m_x);
```

```
// 保存变换结果
    for(i=0;i<m_y;i++)
        for(j=0;j<m_x;j++)
            timeData[j * m_y+i]=freqData[i * m_x+j];
// 对 x 方向进行快速傅里叶变换
    for(i=0;i<m_x;i++)
        FFT(&timeData[i * m_y],&freqData[i * m_y],m_y);
    for(i = 0; i < m_y; i++)
        for(j = 0; j < m_x; j++)
            timeData[j + m_x * i] = freqData[i + m_y * j];
/ * 假设坐标(0,0)为图像的左下角,频率在 r_min 和 r_max 之间的被保留下来,其余频
率的点的幅度置为 0 * /
//根据 r_min 和 r_max 判断频谱左下角的 1/4 区域哪些点的幅度应置为 0
    for(i=0;i<m_y/2;i++)
        for(j=0;j<m_x/2;j++)
        if((i-0) * (i-0)+(j-0) * (j-0)<r_min * r_min
                ||(i-0) * (i-0)+(j-0) * (j-0)>=r_max * r_max)
        {
            timeData[j * m_y+i].real=0;
            timeData[j * m_y+i].imag=0;
        }
//根据 r_min 和 r_max 判断频谱右下角的 1/4 区域哪些点的幅度应置为 0
    for(i=0;i<m_y/2;i++)
        for(j=m_x/2+1;j<m_x;j++)
        if((i-0) * (i-0)+(j-(m_x-1)) * (j-(m_x-1))<r_min * r_min
                ||(i-0) * (i-0)+(j-(m_x-1)) * (j-(m_x-1))>=r_max * r_max)
        {
            timeData[j * m_y+i].real=0;
            timeData[j * m_y+i].imag=0;
        }
//根据 r_min 和 r_max 判断频谱左上角的 1/4 区域哪些点的幅度应置为 0
    for(i=m_y/2+1;i<m_y;i++)
        for(j=0;j<m_x/2;j++)
        if((i-(m_y-1)) * (i-(m_y-1))+(j-0) * (j-0)<r_min * r_min
        ||(i-(m_y-1)) * (i-(m_y-1))+(j-0) * (j-0)>=r_max * r_max)
        {
            timeData[j * m_y+i].real=0;
            timeData[j * m_y+i].imag=0;
        }
```

```
//根据 r_min 和 r_max 判断频谱右上角的 1/4 区域哪些点的幅度应置为 0
    for(i=m_y/2+1;i<m_y;i++)
        for(j=m_x/2+1;j<m_x;j++)
        if((i-(m_y-1))*(i-(m_y-1))+(j-(m_x-1))*(j-(m_x-1))<r_min*r_min
        ||(i-(m_y-1))*(i-(m_y-1))+(j-(m_x-1))*(j-(m_x-1))>=r_max*r_max)
        {
            timeData[j*m_y+i].real=0;
            timeData[j*m_y+i].imag=0;
        }
// 对 y 方向进行快速傅里叶变换
    for(i = 0; i < m_y; i++)
        IFFT(&timeData[m_x * i], &freqData[m_x * i], m_x);
// 保存变换结果
    for(i = 0; i < m_y; i++)
        for(j = 0; j < m_x; j++)
            timeData[i + m_y * j] = freqData[j + m_x * i];
// 对 x 方向进行快速傅里叶变换
    for(i = 0; i < m_x; i++)
        IFFT(&timeData[i * m_y], &freqData[i * m_y], m_y);
//计算幅度谱,即傅里叶反变换后的图像
    for(y = 0; y < m_y; y++)
        for(x = 0; x < m_x; x++)
        {
//计算(x,y)点的频谱幅度
dVal=sqrt(freqData[x*m_y+y].real*freqData[x*m_y+y].real+freqData[x*m_y+y].
imag*freqData[x*m_y+y].imag);
//为防止溢出,将 dVal 的值调整到 0 至 255 之间
            if(dVal > 255)
                dVal = 255;
            else if(dVal<0)
                dVal=0;
            image[y*m_x+x]=(unsigned char)dVal;
        }
    delete [ ]timeData;
    delete [ ]freqData;
    return 1;
}
```

7.4 傅里叶变换的性质与实验演示

图像的傅里叶变换的结果,最直观的显示方式是显示能量谱或幅度谱:如果显示的是频谱各个点的能量(模的平方),则称之为能量谱;如果显示的是频谱各个点的模,则称之为幅度谱。幅度谱与能量谱是相似的概念,本书以幅度谱的方式显示傅里叶变换后的结果。另外,由于傅里叶变换后,幅度大的点都集中在图像的四个角,为便于观察,一般是将幅度谱在水平方向循环平移半个图像的宽度,在垂直方向循环平移半个图像的高度,然后再进行显示。

图7.7给出了几个傅里叶幅度谱的例子,在幅度谱图像中,图像各个点的亮度代表了该点的频谱的幅度(即模):亮度越大,表明幅度越大。一幅图像会产生怎样的傅里叶谱?这通常是很难想到的。那么,图像与傅里叶谱之间究竟具有怎样的对应关系呢?可以通过下面的实验进行说明。图7.8(a)为用余弦函数生成的图像:该图像的每一行像素点的亮度都按余弦函数值进行变化,并且在整个图像宽度范围内刚好完成了16个2π周期,图像中位于同一列的像素点的灰度值都完全相等。图7.8(b)给出了图7.8(a)的傅里叶幅度谱,在图7.8(b)中,除了中间的亮点以外,只有两个亮点。中间亮点的坐标是(128, 128),两侧的两个亮点的坐标分别是(128-16, 128)和(128+16, 128),两侧亮点与中间点的距离刚好等于图7.8(a)内的2π周期个数。类似地,图7.8(c)也是用余弦函数生成的图像,但是在图像宽度范围内完成了32个2π周期。图7.8(d)给出了图7.8(c)的傅里叶幅度谱,在图7.8(d)中,除了中间的亮点以外,只有两个亮点。中间亮点的坐标是(128, 128),两侧的两个亮点的坐标分别是(128-32, 128)和(128+32, 128),两侧亮点与中间点的距离也刚好等于图7.8(c)内的2π周期个数。图7.8(e)为图7.8(c)逆时针旋转60°得到的图像。图7.8(f)给出了图7.8(e)的傅里叶幅度谱,在图7.8(f)中,除了中间的亮点以外,只有两个亮

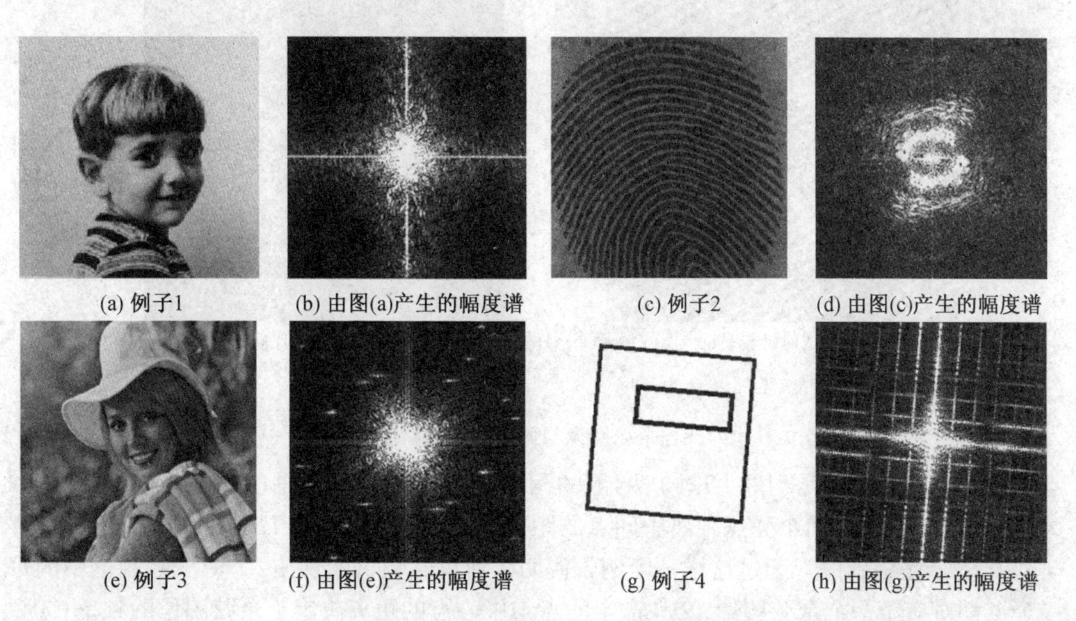

(a) 例子1　(b) 由图(a)产生的幅度谱　(c) 例子2　(d) 由图(c)产生的幅度谱

(e) 例子3　(f) 由图(e)产生的幅度谱　(g) 例子4　(h) 由图(g)产生的幅度谱

图7.7 几个傅里叶幅度谱的例子

(a) 图像宽度范围内完成16个余弦

(b) 与图(a)对应的幅度谱：左右两个白点与中间点距离正好是16，三个白点的横坐标分别是128−16, 128和128+16

(c) 图像宽度范围内完成32个余弦

(d) 与图(c)对应的幅度谱：左右两个白点与中间点距离正好是32，三个白点的横坐标分别是128−32, 128和128+32

(e) 图(c)逆时针旋转60°

(f) 与图(e)对应的幅度谱：中间白点坐标(128,128)，两边的白点坐标分别是(128+16, 128+28)和(128−16, 128−28)

图 7.8　余弦图像与傅里叶谱的对应关系

点。中间亮点的坐标是(128，128)，两侧的两个亮点的坐标分别是(128+16，128+28)和(128-16，128-28)，两个亮点距离中间点的距离也是32。而且，图7.8(d)逆时针旋转60°与图7.8(f)是一致的。通过这样一个例子说明了傅里叶频谱的性质：①傅里叶频谱中的每一个点都对应于一个余弦图像；②频谱中的点与中心点的距离决定了余弦图像的频率；③频谱中的点相对于中心点的旋转角度刚好等于余弦图像的旋转角度。既然一个图像的频谱由

N^2 个点组成,说明 N^2 个余弦图像的叠加正好等于原来的图像,这与一维傅里叶变换的余弦信号叠加的思想是类似的。

下面看另一个例子。图7.9(a)为一个熊猫的图像;图7.9(b)为图7.9(a)的傅里叶幅度谱;图7.9(c)为图7.9(a)向左移动100像素后的结果(超出边界的部分放在右侧,是循环移动);图7.9(d)为图7.9(c)的傅里叶幅度谱;图7.9(e)为图7.9(c)向下移动100像素后的结果(超出边界的部分放在上侧,是循环移动);图7.9(f)为图7.9(e)的傅里叶幅度谱。虽然图7.9(a)、图7.9(c)和图7.9(e)看起来并不一样,但是这三个图像的幅度谱是一模一样的,不一样的地方是相位谱。所以,图像经过水平和垂直方向的平移以后,只改变频谱的相位,而不改变频谱的幅度。

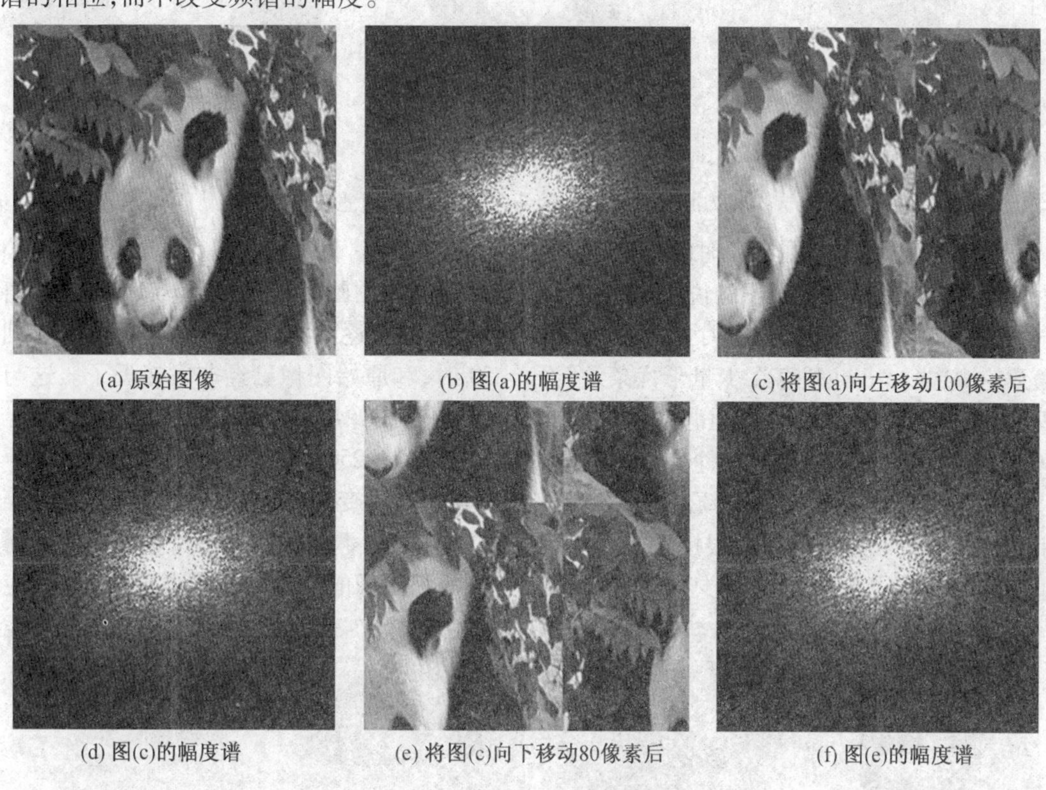

(a) 原始图像　(b) 图(a)的幅度谱　(c) 将图(a)向左移动100像素后

(d) 图(c)的幅度谱　(e) 将图(c)向下移动80像素后　(f) 图(e)的幅度谱

图7.9　图像平移后的幅度谱

根据傅里叶变换的性质,频谱上的每个点都对应于一个余弦图像。原始图像可以看作是多个余弦图像的叠加:与频谱中心点距离近的点对应于较低的频率,这些低频的余弦图像描述了图像的整体轮廓;与频谱中心点距离远的点对应于较高的频率,这些高频的余弦图像描述了图像的细节。我们可以把傅里叶谱的某些点置为0,然后再对傅里叶谱做反变换,从而达到一些图像处理的效果,如图像压缩、去除噪声等。处理傅里叶谱的变换,常见的有低通滤波、高通滤波和带通滤波三种变换。如图7.10(a)所示,理想低通滤波保留傅里叶谱的低频部分(即灰色的圆形区域),而把高频部分的各个点的实部和虚部都置为0。如图7.10(b)所示,理想带通滤波保留傅里叶谱的中间频率区间(即灰色的环形区域),假设圆环的内圆的半径为r_min,外圆半径为r_max,把环形区域之外的各个点的实部和虚部都置为0。如图7.10(c)所示,理想高通滤波保留傅里叶谱的高频部分(即图中的灰色区域),而把低频部分的各个点的实部和虚部都置为0。对于带通滤波，如果令内圆半径 r_min = 0，外圆半径 r_max不变，则带通滤波变成了低通滤波。类似地，如果令外圆半径 r_max = 无穷大，半径 r_min不变，则带通滤波变成了高通滤波。所以，在指定不同半径参数的情况下，7.3 节给出的带通滤波函数 FourierBandPass( )既能实现带通滤波，也能实现低通滤波和高通滤波。

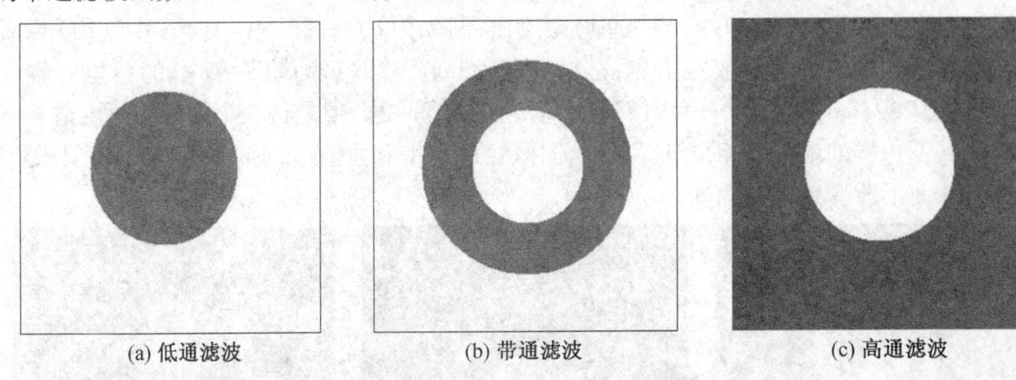

图 7.10　傅里叶谱的低通、带通与高通滤波

图 7.11 给出了不同半径时的傅里叶谱低通滤波的结果。图 7.11(a)为原始图像，大小为 256×256。后面几个子图的说明文字中，r 代表低通滤波的圆的半径。当 $r=1$ 时，包含信息太少，所以基本上看不出图片的内容，随着 r 的增加，图像逐渐清晰，当 $r=6$ 时，可以看到大致轮廓，当 $r=30$ 时，存在少量干扰条纹，当 $r=50$ 时，和原始图像已经非常接近了。这与理论上的分析是一致的。低通滤波的一个重要的应用是图像压缩，例如图 7.11(g)，在 $r=30$ 时，在圆的面积内共有 951 个点，而图像频谱总共有 256×256 = 65 536 个点。951/65 536 = 1.45%，也就是说，只拿出整个频谱的 1.45% 的点做傅里叶反变换（其余的 98.55% 的点舍弃不用），就已经和原来的图像很接近了。在保存图像时，如果不保存图像而保存该图像的傅里叶谱的一部分点，能大大减少存储空间，从而达到压缩图像的效果。低通滤波的另一个应

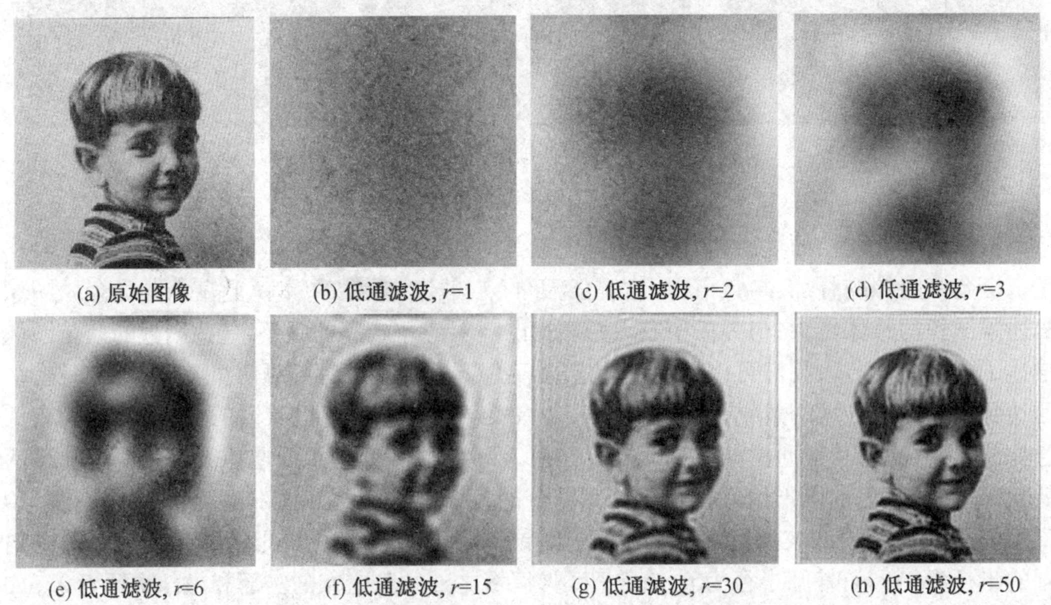

图 7.11　不同半径时傅里叶谱低通滤波的结果

用是去除噪声,因为噪声一般是图像中的高频信息,通过低通滤波可以去除图像的高频部分,从而达到去除噪声的效果。上述低通滤波器一般称为理想低通滤波器,通过理想低通滤波器的实验结果,我们加深了对傅里叶变换的认识。在实际的应用中,使用傅里叶谱上的巴特沃斯低通滤波器和高斯低通滤波器等能取得更好的效果。

图7.12给出了不同半径时的傅里叶谱带通滤波的结果,每个图像下面有两个参数:r_min为滤波器内圆半径,r_max为滤波器外圆半径。图7.12(a)为原始图像,大小为256×256。带通滤波即舍掉了低频成分,又舍掉了高频成分,例如,在图7.12(b)中,r_min=3,r_max=6,所以保留下来的是频率在3至6之间的部分。因为低频部分被舍弃,所以从这个图即看不出整体轮廓;因为高频部分被舍弃,所以从这个图即看不出细节信息。图7.11(d)为$r=3$时的低通滤波结果,根据图7.10给出的低通滤波与带通滤波的关系,图7.11(d)与图7.12(b)做加法,正好能得到$r=6$的低通滤波的结果,即图7.11(e)的图像。图7.12(c)至图7.12(h)给出了r_min和r_max取不同值的几个带通滤波结果。

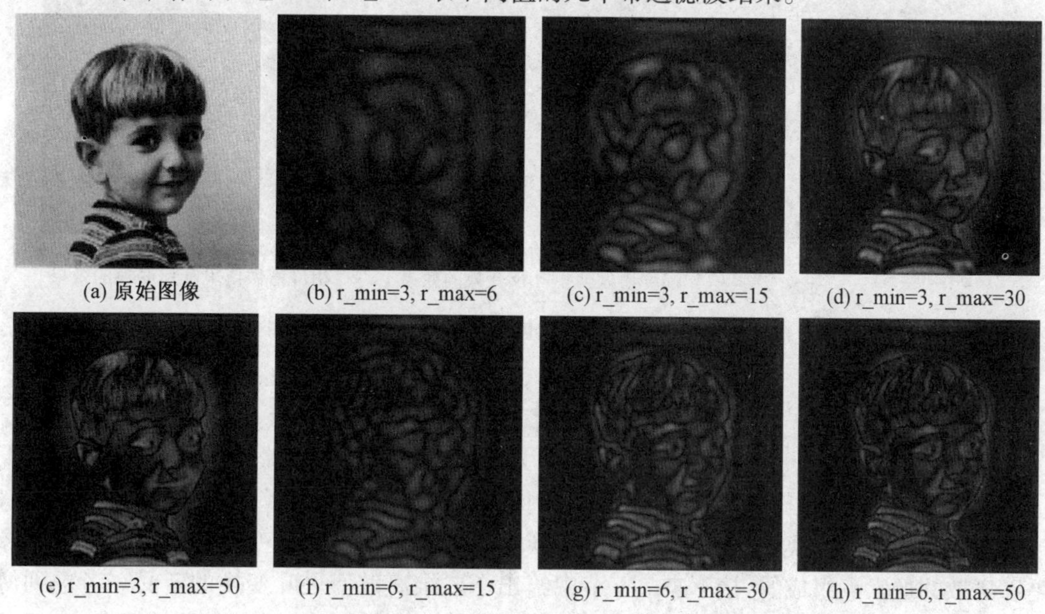

图7.12 不同半径时的傅里叶谱带通滤波的结果

图7.13给出了不同半径时傅里叶谱高通滤波的结果,高通滤波舍弃了低频部分,例如,$r=6$时舍弃了频率小于6的成分,保留了频率大于或等于6的成分。因此,高通滤波更能反映图像的细节信息。图7.13给出了$r=6,15,30$时高通滤波的结果。从图中可以发现,r的值越大,图像越暗。这一方面是因为图7.13(a)的能量大多集中于低频部分;另一方面,r的值越大,叠加的余弦图像个数就越少,这也导致了图像变暗。

由傅里叶频谱的各个点的相位值所构成的复数数组称为相位谱。幅度谱和相位谱,哪个包含的信息更多呢?我们通过对比试验来说明。图7.14给出了幅度谱傅里叶反变换与相位谱傅里叶反变换的对比的一个例子。图7.14(a)为原始图像;图7.14(b)为先对7.14(a)做傅里叶变换,再把频谱各点的相位置为0,根据幅度谱做傅里叶反变换的结果;图7.14(c)为先对7.14(a)做傅里叶变换,再把频谱各点的模置为常数C,根据相位谱做傅里叶反变换的结果。通过对比发现,图7.14(b)中完全没有7.14(a)的整体或局部轮廓信息,

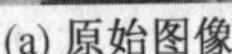

(a) 原始图像

(b) 高通滤波, r=6

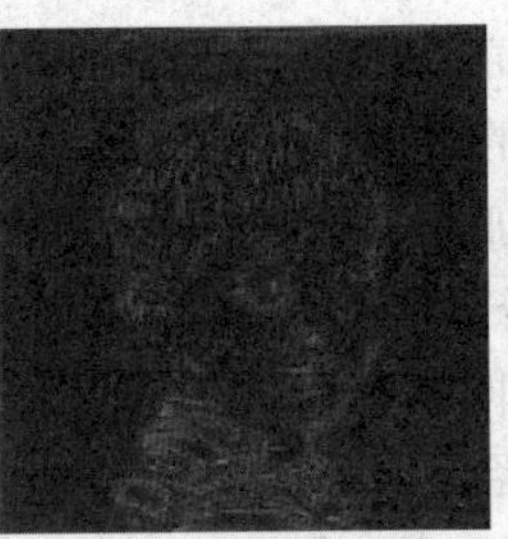

(c) 高通滤波, r=15

(d) 高通滤波, r=30

图 7.13 不同半径时傅里叶谱高通滤波的结果

而图 7.14(c)则显示出了 7.14(a)的大部分细节信息。所以,傅里叶相位谱比傅里叶幅度谱包含更丰富的信息。

(a) 原始图像

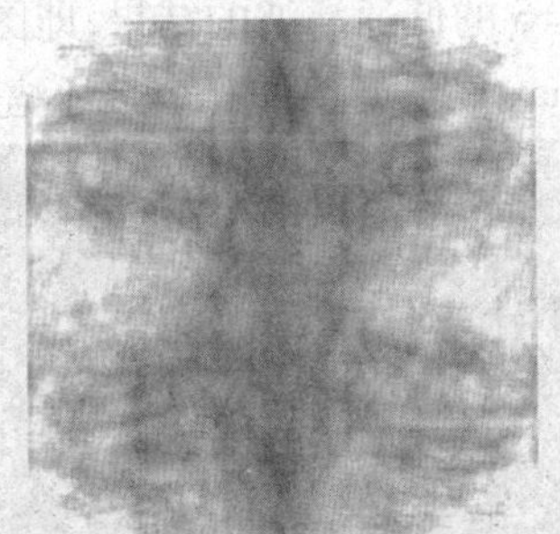

(b) 把频谱各点的相位置为0, 根据幅度谱做傅里叶反变换的效果

(c) 把频谱各点的模置为常数C, 根据相位谱做傅里叶反变换的效果

图 7.14 幅度谱傅里叶反变换与相位谱傅里叶反变换的对比的一个例子

7.5 本章小结

本章先介绍了余弦信号的幅度、相位和频谱等概念,然后给出了一维连续傅里叶变换、一维连续傅里叶反变换、二维连续傅里叶变换和二维连续傅里叶反变换的定义。由于图像是以离散的像素点组成的,接下来 7.1 节中给出了二维离散傅里叶变换的定义。考虑到傅里叶变换的运算量很大,7.2 节中给出了快速傅里叶变换算法的推导过程及计算公式。7.3 节中给出了傅里叶变换的程序代码,包括一维快速傅里叶变换、一维快速傅里叶反变换、二维快速傅里叶反变换等。最后,7.4 节中给出了傅里叶变换算法的几个性质与实验演示。通过大量的图像处理实验,对傅里叶变换的若干性质进行验证,便于读者对傅里叶变换有更加直观的认识。

第8章 图像识别案例1——几何图形的识别

在日常生活中,我们可以通过听声音判断出是鸣笛声、掌声、笑声、哭声,可以通过声音判断出一句话的每个字,可以通过声音判断说话的人是哪个家庭成员:是爸爸、妈妈、哥哥还是妹妹。我们也可以通过观察判断出眼前的人或物是什么:是一个苹果、一个水杯或者是一盆花。随着计算机技术的发展,现在用计算机就能完成这些判断,我们把这种通过计算机判断一个物品的所属类别的技术称为模式识别。本章首先简要介绍模式识别的概念和主要的原理等,然后以几何图形的识别为例,介绍模式识别系统的实现过程。

8.1 模式识别技术

什么是模式?每一个需要通过算法判别类别的对象都可以称为模式,在模式识别技术中,模式是指通过各种传感器对待识别对象进行采样、量化和处理后的一组数据,如物品的图像、声音的波形、运动的轨迹等。通过一个算法对模式数据进行计算处理后,判断模式数据的所属类别的技术称为模式识别技术。

8.1.1 模式识别系统

模式识别系统首先要从外部世界获取待识别对象的数据,然后经过分析和处理后判定其类别属性。完整的识别系统一般包括训练和识别两个过程,如图8.1所示。在训练过程中,首先经过数据采集及预处理、特征生成、特征提取与选择三个步骤,然后设计分类器,并把各个类别的特征信息保存下来,作为模式识别系统的知识和经验。所以,训练的过程实际上相当于人的学习过程。在识别过程中,首先经过数据采集及预处理、特征生成、特征提取与选择三个步骤,然后把得到的特征与训练过程中保存的特征数据进行比较,并得到最终的分类结果。

1. **数据采集及预处理**

数据采集是指将待识别的对象通过某种传感器采集到图像、声音的波形、运动的轨迹等数据,并把它们作为判断类别的依据。在采集的过程中可能会有噪声或者其他与识别对象不相关的信息混入,通过预处理可以去除这些噪声和不相关的信息。

2. **特征生成**

经过数据采集得到的数据量很大,其中有很多冗余的信息,因此,需要对原始数据进行

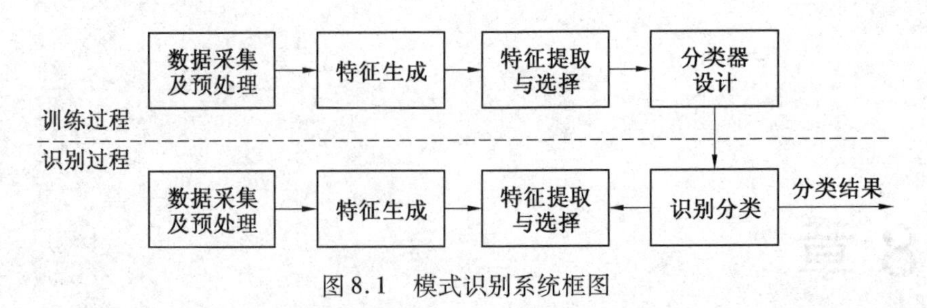

图 8.1 模式识别系统框图

处理,找出特征数据。所说的特征数据是指这样一些待识对象的信息:如果两个待识对象是同一类别的,则它们的特征数据很接近;反之,如果两个待识对象不是同一个类别的,则特征数据相差很大。

3. 特征提取与选择

采用什么样的特征做识别,直接决定了识别的准确度。但是,对于模式识别系统的设计者来说,一般很难事先确切地知道选取哪些特征做识别效果最好。特征提取与选择即是这个问题的解决办法。特征提取是指定义一组函数,将特征作为自变量输入到这些函数中,然后把函数的运算结果作为特征,以达到去除冗余信息等目的。特征提取的方法有很多种,例如主成分分析等。特征选择的目的是从原始的特征集合中挑选出一组最有利于分类的特征子集合。如果不选取特征的子集合,通常会导致运算量大大增加。

4. 识别分类

分类器是一个算法,当某个待识对象的特征输入到分类器之后,分类器能够经过计算给出该对象的所属类别。对于一些简单的问题,可以根据特征数据的具体情况直接采用人工的方式设计分类器。但是,对于一个复杂问题,特征维数又比较高时,往往很难通过人工方式设计分类器。目前已有很多设计分类器的方法,包括线性分类器、聚类分析、支持向量机、神经网络、高斯混合模型等方法。

下面以识别橘子和黄瓜为例,说明特征的生成和识别的过程。假设只有两个类别:橘子和黄瓜,也就是说,白色背景的图片中,只可能有橘子或黄瓜,不可能有其他物品。考虑到橘子是橙色的,黄瓜是绿色的,只需比较颜色就能把二者区分开,所以取颜色作为特征即可。首先,选取几个颜色具有代表性的橘子,并求出这几个橘子的 RGB 颜色的平均值,假设(Red, Green, Blue)颜色为(252, 123, 57);选取几个颜色具有代表性的黄瓜,并求出这几个黄瓜的 RGB 颜色的平均值,假设(Red, Green, Blue)颜色为(82, 129, 24)。在得知橘子和黄瓜的典型颜色后,对于待识别的样本,只需计算它的颜色是与橘子的颜色更接近,还是与黄瓜的颜色更接近,我们通常用距离来描述特征向量之间的相似程度:如果两个特征向量是完全一样的,则距离为 0,相似程度越低,则距离越大。计算距离的最直接的方法,就是直接计算各维特征的差值的绝对值并累加求和。例如,某个物品的颜色为(230, 132, 40),则它与橘子的颜色的距离为 $d_1=|230-252|+|132-123|+|40-57|=48$,它与黄瓜的颜色的距离为 $d_1=|230-82|+|132-129|+|40-24|=167$。由 $d_1<d_2$,可以判断出图像中的物品为橘子。在这个例子中,每个橘子的颜色并不完全相同,但是各个橘子的颜色比较接近,黄瓜也是类似的情况。这种情况我们称之为类内距离小,意思是同一个类别内的各个样本之间,在计算它们的特征距离时虽然一般不等于零,但是距离是一个比较小的值。之所以能够区分

开橘子和黄瓜,另一个重要的条件是橘子的特征和黄瓜的特征之间的距离很大。这种情况我们称之为类间距离大,意思是不同类别的样本之间,它们的特征的距离都很大。所以,在考虑模式识别的特征是否合理时,要把类内距离小、类间距离大作为重要的标准。例如,把含水量作为特征时,不能有效地把橘子和黄瓜区分开,因为橘子和黄瓜的含水量都非常大,如果从特征的距离的角度进行分析,发现含水量特征的类内距离小,类间距离也小,这与类间距离大的标准是相违背的。再如,假设某大学的一个班级有若干名学生,如果想把学生分为两类:学习成绩好的和学习成绩不好的,那么就应选取学习成绩作为特征,而与身高、体重、年龄这些信息无关。对于同一个班级的学生,如果想重新划分成两类:适合参军入伍的和不适合参军入伍的,在这个分类中,学习成绩就不如身体素质重要,因此,需要把身高、视力等作为特征更合适。从这个例子可以看出,对于同一批对象,可以依据不同的标准进行多种分类,在分类时要根据该分类的特点选取合适的特征。因此,特征的选取不能一概而论,要具体问题具体分析。

在模式识别中,有识别和鉴别两种比对方式。识别是指不告诉计算机待识模式是什么,由计算机把待识模式与事先存储的若干个模式进行比较,然后指出待识模式的类别。鉴别则是把指定的两个模式输入到模式识别系统中,由模式识别系统判断这两个模式是不是属于同一个类别。

8.1.2　模式识别的应用

随着20世纪40年代计算机的出现以及50年代人工智能的兴起,人们当然也希望能用计算机来代替或扩展人类的部分脑力劳动。模式识别在20世纪60年代初迅速发展并成为一门新学科。下面通过几个应用场景来说明模式识别的过程和方法。

光学字符识别(OCR)是指对图像中的汉字或字符进行辨识,转换为文本编辑器中能编辑的文本字符的过程。早期的书籍、期刊等一般都不是计算机排版的,因此也没有与之对应的电子文档。如果由打字员把它们重新录入到计算机,工作量将是非常巨大的。这类问题可以通过字符识别技术解决:首先用扫描仪扫描这些文档,得到文档的图像,然后再通过字符识别技术把这些字符识别出来。字符识别一般包括倾斜校正、版面分析、字符的行切分、字符列切分、特征提取、特征比对等步骤。

通过图像处理和模式识别技术可以准确地通过指纹、掌纹、人脸、虹膜等人体固有的生物特征鉴别人的身份。指纹识别一般是通过比较手指上的端点和分叉点的相对位置来实现的,要经过指纹图像采集、计算方向图、图像增强、图像分割、二值化、细化、特征点提取、特征点匹配等几个步骤。人脸识别则先提取脸的轮廓和口鼻眼的位置和大小信息,然后通过计算它们之间的相对位置关系来判定图像中的人脸和数据库中的哪个人脸是一致的。掌纹识别首先要拍摄手掌图像,然后通过图像增强、边缘检测等图像处理技术检测手掌上较粗的几根线的长短和位置,最后通过这些线的长短和位置关系进行判别。

语音识别是指通过声音识别说话的内容。根据针对的发音人,可以把语音识别技术分为特定人语音识别和非特定人语音识别,前者只能识别一个或几个人的语音,而后者则可以被任何人使用。显然,非特定人语音识别系统更符合实际需要,但它要比针对特定人的识别困难得多。语音识别的应用领域非常广泛,常见的应用系统有:语音输入系统,相对于键盘输入方法,它更符合人的日常习惯,也更自然、更高效;语音控制系统,即用语音来控制设备的运行,相对于手动控制来说更加快捷、方便,可以用在诸如工业控制、语音拨号系统、智能家电、声控智能玩具等许多领域;智能对话查询系统,根据客户的语音进行操作,为用户提供自然、友好的数据库检索服务,如家庭服务、宾馆服务、旅行社服务系统、订票系统、医疗服务、银行服务、股票查询服务等。

计算机辅助诊断是模式识别技术应用的有一个重要领域。在医院,通常通过彩超、X光、CT等现代医学影像手段进行检测,这些设备采集到的图像不是很清晰,肉眼看不清楚,这就要求使用计算机进行进一步的处理,以得到准确的诊断结论。另外,现在的心电图分析也基本是依靠医生的经验,将来也完全可以将模式识别的方法应用于自动分析心电图,对一些典型的病症做出判别。

通过以上几个例子可以看出,人是运用自身的知识和经验完成了对外界事物的辨识,而模式识别是希望能够把人的知识和经验传授给计算机,使计算机具有人的某些智能,具备自动识别周围事物的能力。

8.1.3 模式识别系统的评价指标

模式识别系统中与准确率有关的指标包括拒真率、认假率、相等错误率、识别率等。下面分别进行介绍。

拒真率(False Reject Rate,FRR):在以鉴别方式进行比对时,两个模式本应该判定为属于相同类别,但是经过模式识别系统判断后错误地判定为属于不同类别,这种情况发生的概率为拒真率。

$$FRR = N_{Non}/N_{S1} \tag{8.1}$$

式中,N_{Non}为两个模式判定为属于不同类别的次数;N_{S1}为相同类别的两个模式比对的总的次数。

认假率(False Accept Rate,FAR):在以鉴别方式进行比对时,两个模式本应该判定为属于不同类别,但是经过模式识别系统判断后错误地判定为属于相同类别,这种情况发生的概率为认假率。

$$FAR = N_{Cor}/N_{S2} \tag{8.2}$$

式中,N_{Cor}为两个模式判定为属于相同类别的次数;N_{S2}为不同类别的两个模式比对的总的次数。

相等错误率(Equal Error Rate,EER):在以拒真率和认假率为坐标轴的ROC曲线中,随着认假率的减少,拒真率逐渐增加,在曲线上一定存在一个点,这个点的拒真率等于认假率,此时的错误率即为相等错误率。在对两个模式识别算法的ROC曲线进行比较时,由于曲线上有很多点,因此不便于直接进行比较,但是比较相等错误率的方法简便易行,因为此时只比较一个值。例如,在FVC国际指纹鉴别竞赛中,就是以相等错误率作为排名的依据。

识别率(Recognition Rate):在以识别方式进行比对时,不再区分拒真率和认假率,而是以识别正确的次数和总的识别次数的比值作为识别准确性的评价标准,称为识别率。

那么,拒真率和认假率之间有什么关系呢?我们以指纹鉴别为例进行说明。假设对两个指纹做比对后,返回一个相似度S,S的值越大,说明两个指纹越相似。现为阈值T指定一个值,并规定当$S \geqslant T$时,判定两个指纹是来自于同一个手指,当$S<T$时,判定两个指纹是来自于不同的手指。当T足够大时,不管两个指纹是不是来自于同一个手指,会因为$S<T$判

定两个指纹来自于不同的手指。此时认假率等于 0,拒真率等于 1。当 T 足够小时,不管两个指纹是不是来自于同一个手指,都会因为 $S>T$ 而判定两个指纹来自于相同的手指。此时认假率等于 1,拒真率等于 0。通过这个例子可以看出,拒真率和认假率的值是和阈值的选取有关的:每给出一个阈值,就能计算出一组拒真率和认假率的值。当阈值取多个值时,就能够得到多组拒真率和认假率的值。如果把多组拒真率和认假率的值在二维坐标下显示出来,就构成了一条曲线,我们把这种曲线叫作 ROC 曲线(Receiver Operating Characteristic Curve)。图 8.2 给出了几个 ROC 曲线的例子。图 8.2(a)给出了只有一条 ROC 曲线的情况,图 8.2(b)给出了同一坐标系下有两条 ROC 曲线的情况。我们发现,在图 8.2(a)和图 8.2(b)中有些曲线的细节看得并不是很清楚,因为曲线太贴近坐标轴了。为了解决此问题,目前很多 ROC 曲线都是在对数坐标下绘制的。图 8.2(c)给出了图 8.2(b)的两条曲线在对数坐标下的情况。通过对比可以看出,对数坐标更有利于看清 ROC 曲线的局部曲线形状。

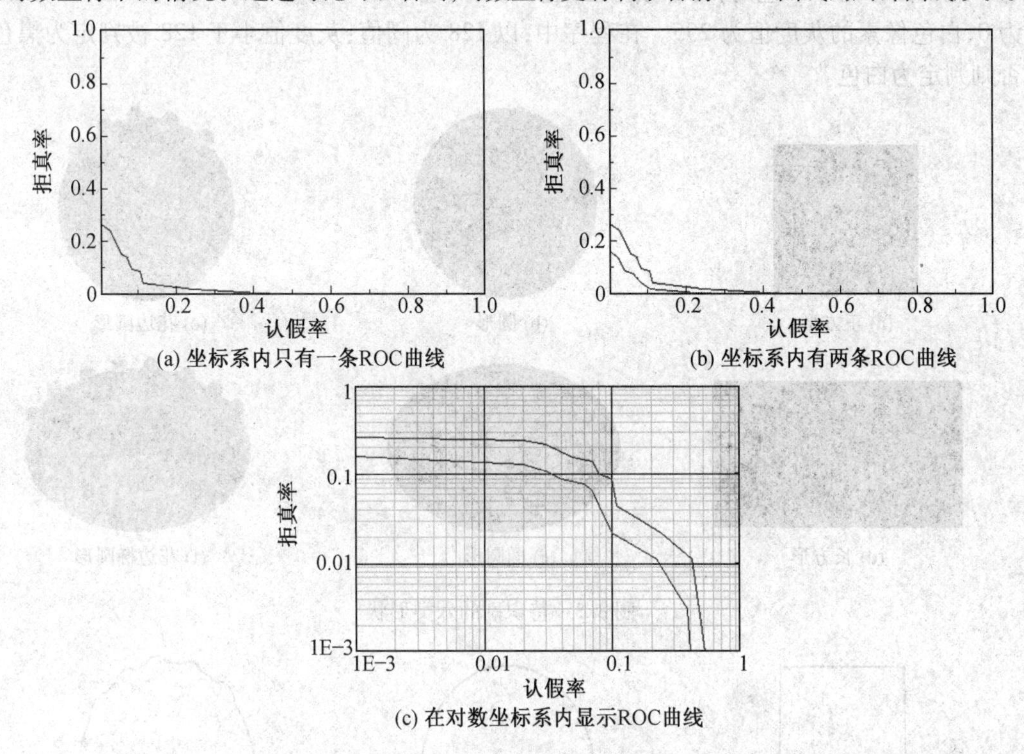

图 8.2　ROC 曲线的几个例子

时间复杂度(Time Complexity):是一个函数,它定性地描述了算法的运行时间和输入的数据数量之间的关系。一般情况下,时间复杂度越低,模式识别算法运行的时间就越短。在设计嵌入式模式识别装置时,如果时间复杂度低,则可以选用低档次的处理器,从而降低硬件成本。

空间复杂度(Space Complexity):是对一个算法在运行过程中临时占用存储空间大小的量度,它定性地描述了算法占用的存储空间和输入的数据数量之间的关系。

对于一个算法,其时间复杂度和空间复杂度是存在一定内在联系的。当追求更低的时间复杂度时,可能会使空间复杂度的性能变差,即可能导致占用较多的存储空间;反之,当追求更低的空间复杂度时,可能会使时间复杂度的性能变差,即可能导致运行时间变长。

8.2 几个几何图形的识别

下面通过一个例子介绍模式识别的具体过程。假设我们需要识别图 8.3 所示的六类图形,首先要选取适当的特征。我们可以根据图形宽和高是否大致相当把图形分为两大类:如果宽和高大致相等,则属于第一大类;否则属于第二大类。图 8.4 为与图 8.3 的六类形状相对应的投影曲线,对于同一个大类内的三个图形,可以通过投影曲线的形状判断具体是哪种类型:如果在图像的宽度范围内,投影值恒等,则为正方形或长方形;如果投影值不是一直恒等,但是投影曲线光滑,则为圆或椭圆;如果投影值不是一直恒等,但是投影曲线不光滑,则为花边圆形或椭圆形。

假设图像是 256 色的,图像数据已经读取到数组 data1 中,则图像中黑色像素的灰度值为 0,白色像素的灰度值为 255。在程序中,以 128 为阈值:灰度值小于 128 被判定为黑色,否则判定为白色。

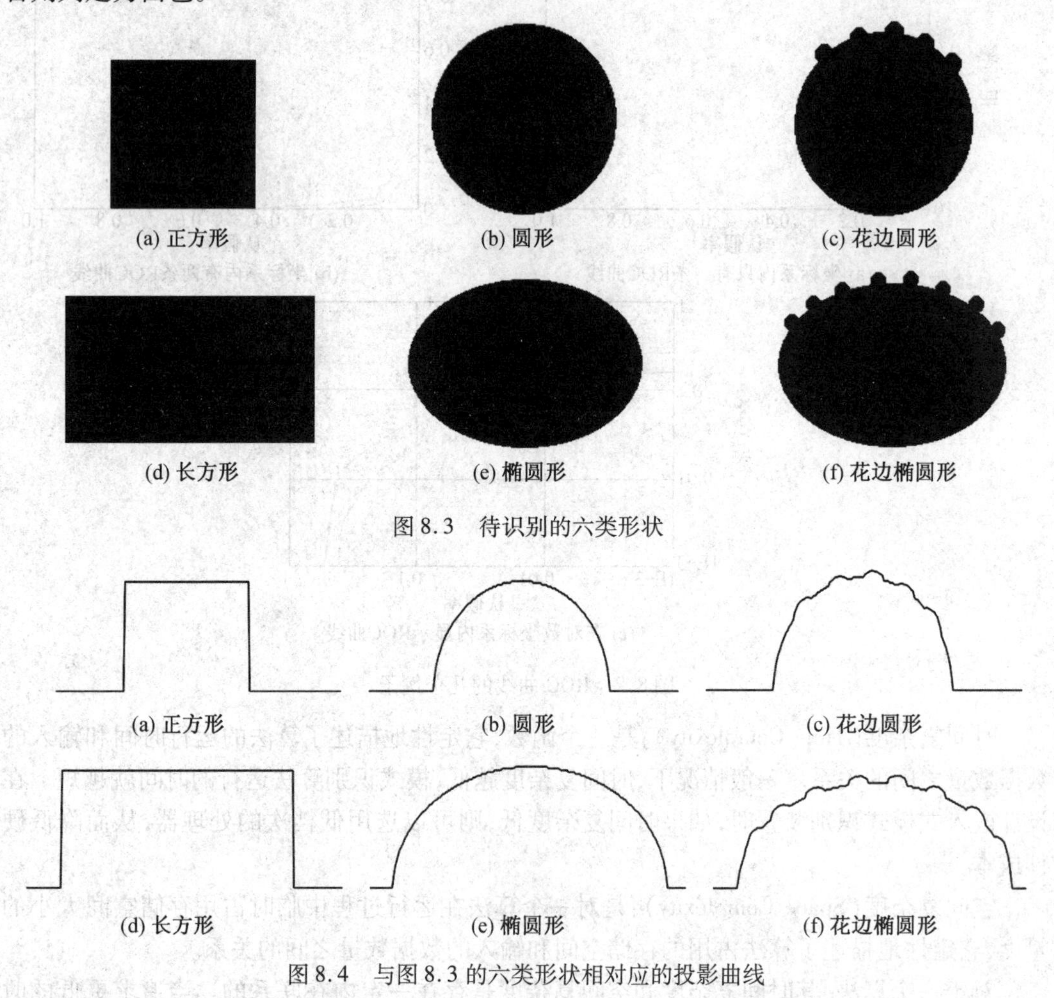

图 8.3 待识别的六类形状

图 8.4 与图 8.3 的六类形状相对应的投影曲线

具体程序如下：

```
/*************************************
 * 函数功能:判断几何图形的形状
 *************************************/
void CMyBmpSoftDlg::OnClassify()
{
//hx[1000]用于存储图像各列的黑点个数,hy[1000]用于存储图像各行的黑点个数
    int hx[1000],hy[1000];
//left、right、up 和 down 分别表示几何图形的左、右、上、下边界
    int i,j,left,right,up,down;
//width 和 height 分别表示几何图形的宽和高(不是图像的宽和高)
    int width,height;
    int m1,m2,m3,flag;
//统计图像的每列的黑点个数
    for(i=0;i<m_x;i++)
        hx[i]=0;
    for(i=0;i<m_x;i++)
        for(j=0;j<m_y;j++)
            if(data1[j*m_x+i]<128)
                hx[i]++;
//在 hx 数组中按下标由小到大找第一个非零值,并把对应的下标作为左边界
    for(i=0;i<m_x;i++)
        if(hx[i]>0)
            break;
    left=i;
//在 hx 数组中按下标由大到小找第一个非零值,并把对应的下标作为右边界
    for(i=m_x-1;i>=0;i--)
        if(hx[i]>0)
            break;
    right=i;
//统计图像的每行的黑点个数
    for(j=0;j<m_y;j++)
        hy[j]=0;
    for(j=0;j<m_y;j++)
        for(i=0;i<m_x;i++)
            if(data1[j*m_x+i]<128)
                hy[j]++;
//在 hy 数组中按下标由小到大找第一个非零值,并把对应的下标作为下边界
    for(j=0;j<m_y;j++)
```

```
            if(hy[j]>0)
                break;
        down=j;
//在 hy 数组中按下标由大到小找第一个非零值,并把对应的下标作为上边界
        for(j=m_y-1;j>=0;j--)
            if(hy[j]>0)
                break;
        up=j;
//求图像的宽度 width 和高度 height
        width=right-left;
        height=up-down;
//如果宽和高的差值小于 15 像素,也认为是正方形或圆,此参数可根据实际需要调整
if(labs(width-height)<15)
{
//把整个图形的宽度 4 等分,m2、m1 和 m3 为三个等分点
            m1=(left+right)/2;
            m2=(m1+left)/2;
            m3=(m1+right)/2;
//如果 m1 列的黑点个数等于 m2 列的黑点个数,则说明是正方形
            if(hx[m1]==hx[m2])
                ::AfxMessageBox("正方形",MB_OK);
            else
            {
//如果某个点处的波动值较大,则 flag 置为 1
            flag=0;
            for(i=m2;i<m3;i=i+10)
                if(judge(i,hx)==1)
                    flag=1;
//如果 flag 值为 0,则说明曲线光滑
            if(flag==0)
                ::AfxMessageBox("圆",MB_OK);
            else
                ::AfxMessageBox("花边圆",MB_OK);
            }
        }
//宽和高的差值小于 15 像素,为长方形、椭圆形或花边椭圆形
        else
        {
//把整个图形的宽度 4 等分,m2、m1 和 m3 为三个等分点
```

```
        m1 = ( left+right)/2;
        m2 = ( m1+left)/2;
        m3 = ( m1+right)/2;
//如果 m1 列的黑点个数等于 m2 列的黑点个数,则说明是长方形
        if(hx[m1] = =hx[m2])
            ::AfxMessageBox("长方形",MB_OK);
        else
        {
//如果某个点处的波动值较大,则 flag 置为 1
            flag=0;
            for(i=m2;i<m3;i=i+10)
            if(judge(i,hx)= =1)
                flag=1;
//如果 flag 值为 0,说明曲线光滑
            if(flag= =0)
                ::AfxMessageBox("椭圆",MB_OK);
            else
                ::AfxMessageBox("花边椭圆",MB_OK);
        }
    }
}

/*************************************
 * 函数功能:判断曲线的光滑程度
 *************************************/
int CMyBmpSoftDlg::judge(int x, int hx[])
{
    int val;
//先求左侧点(坐标 x)和右侧点(坐标 x+10)的平均值
    val=(hx[x]+hx[x+10])/2;
/*如果中间点(坐标 x+5)的值与左右点均值的差值大于 3,则说明曲线波动较大,返
回 1,否则返回 0,参数 3 可以根据样本整体情况调整*/
    if(labs(hx[x+5]-val)>3)
        return 1;
    else
        return 0;
}
```

8.3 本章小结

模式识别是指计算机对输入到计算机的模式提取特征并判别其所属类别的技术。一个模式识别系统包括数据采集、特征生成、特征提取与选择、分类器设计等模块。模式识别方面的理论非常多,本章首先对模式识别技术进行简要的介绍,然后以几何图形识别为例,介绍了如何编程实现最基本的模式识别程序。可以用于模式分类的分类器算法非常多,如 *K*-近邻分类器、ISODATA 算法、贝叶斯分类器、神经网络、支持向量机等。感兴趣的读者可以阅读相关著作。

第9章

图像识别案例2——印章图像真伪鉴别

印章主要用作身份凭证和行使职权的工具，在现代社会生活中，随着人们相互之间的社会、经济等活动的增加，印章也得到了广泛的应用。国家党政机关在发布公文上加盖印章以证明其权威性和有效性；企业、事业单位将印章作为其参与社会、经济等活动时的有效凭证。鉴于印章的重要性，早在20世纪50年代，国务院就有关于公章的图文规范的明确规定。《中华人民共和国票据法》，以立法的形式明确规定了印章是票据有效性最重要的凭证。在银行等金融系统，各个单位之间存在大量的往来票据，印章是识别这些票据的重要手段。中国人民银行在其发布的《银行账户管理办法》中明确规定：银行办理个人、企业的存取款、支票兑现等金融业务时利用印章证明身份。

近年来针对公司企业中的合同诈骗案件有增多趋势，利用假印章犯罪在全国也很普遍，几乎每个诈骗犯罪都和假印章有关。据不完全统计，每年利用假印章、假票据进行的犯罪活动会带来非常巨大的经济损失。伪造印章犯罪已经成为扰乱经济秩序、影响政府信誉、破坏诚信环境、侵犯法律尊严的一大公害，给国家、集体和个人造成严重的经济损失。如何有效地鉴别印章真伪、预防金融诈骗犯罪，就成为摆在我们面前的一个重要课题。

近年来出现了对数字文档（如Word、Excel、PDF等）加盖电子印章、进行数字签名等技术。电子印章和数字签名虽然具有安全性高、低碳环保等优点，但是从目前来看，纸质文件仍是主要的文件载体，而且这种情况还要持续若干年。

随着数字图像处理技术和模式识别技术的快速发展，印章自动鉴别相对于人工印章鉴别的优势越发显现出来。传统的人工印章鉴别方式，受到操作人员的经验、情绪甚至是折角角度的影响。所以，结合数字图像处理和模式识别技术，利用计算机对印章实施印章自动鉴别将不失为一个明智的选择，不但提高了印章鉴别的准确率，而且也提高了效率。随着计算机技术和照相制版技术的发展，伪造印章的制作技术和质量也在不断地提高。因此，研究利用计算机技术对印章进行自动鉴别，无疑具有广泛的应用前景和重要的现实意义。

下面以圆形印章的真伪鉴别为例，介绍印章图像真伪鉴别软件的实现过程。首先介绍软件界面的创建过程，然后介绍图像的打开与显示、图像的红色区域的检测、图像的去噪、印章圆心位置与半径的获取、图像的旋转、匹配相似度计算、匹配算法的时间复杂度优化等内容。通过这样一个综合性的例子，可以了解设计与实现一个图像识别软件时应考虑的主要因素、时间效率与计算精度的均衡等，在主要的代码处都添加了详细的注释，从而便于理解程序代码。

9.1 软件界面

该软件以 VC++的文档视图类开发,界面包括两行两列共四个窗口:左上窗口用于显示第一个印章图像,右上窗口用于显示第二个印章图像,左下窗口用于显示两个图像比对的情况,右下的窗口用于摆放控件和显示比对的结果。

首先,以 VC++的 MFC AppWizard(exe)创建一个项目,项目名为“SealVeriPro”,然后在弹出的窗口中选择“Single document”选项,创建单文档视图类的应用程序,具体界面如图 9.1和图 9.2 所示。

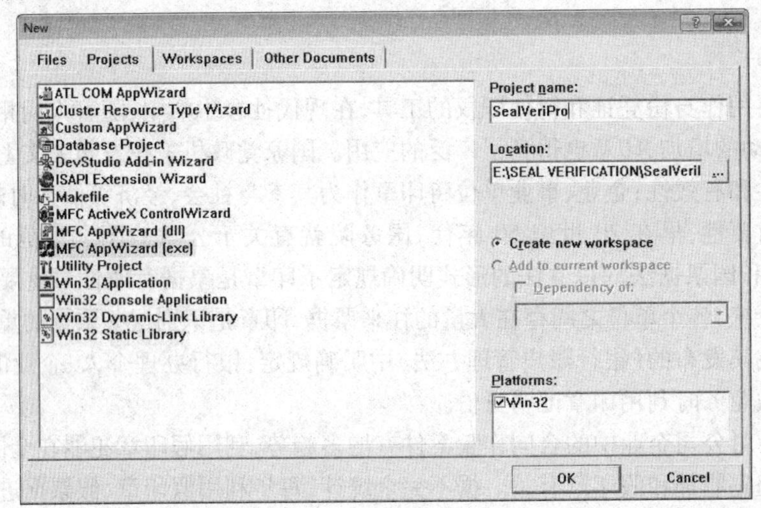

图 9.1 创建新项目

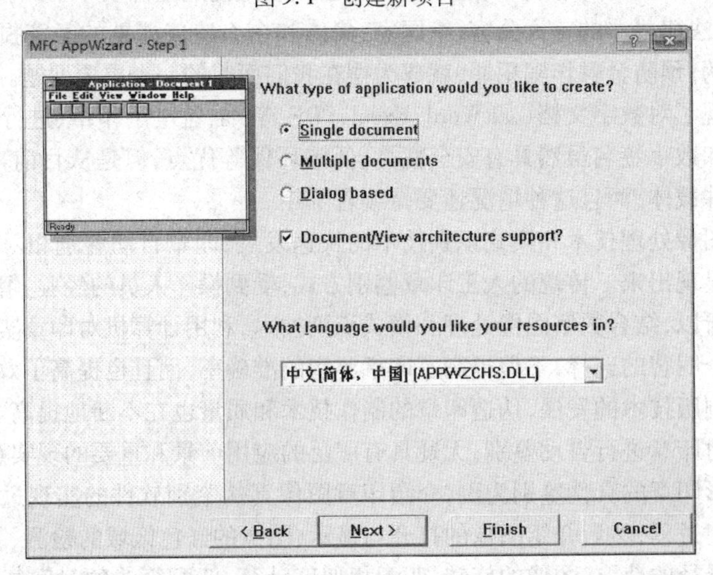

图 9.2 选择单文档应用

点击“Advanced...”按钮,在“Window Styles”选项卡中选中“Use split window”复选框。具体界面如图 9.3 和图 9.4 所示。

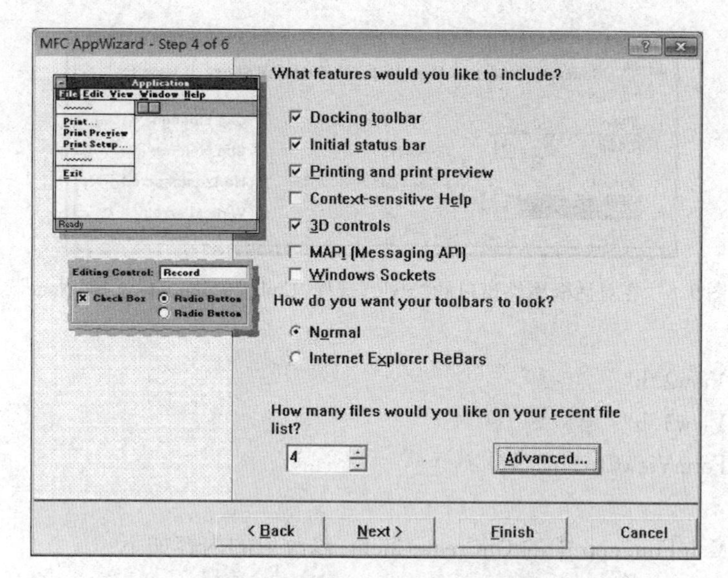

图 9.3　点击"Advanced..."按钮

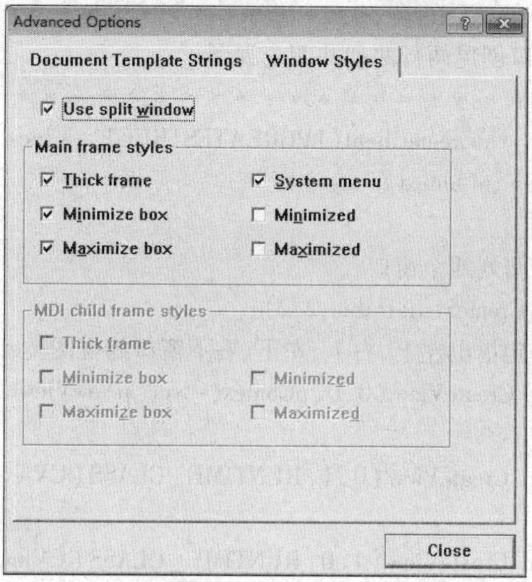

图 9.4　在"Window Styles"选项卡中选中"Use split window"复选框

然后在项目中添加视图类 CView2. h,基类为 CScrollView,该视图类用于显示第二个印章。在项目中添加 CView3. h,基类为 CScrollView,该视图类用于显示两个印章的重叠情况。在项目中添加一个对话框,然后修改对话框的属性。如图 9.5 所示,在对话框的属性中选择"Styles"选项卡,然后在"Style"属性中选择"Child",在"Border"属性中选择"None"。

然后双击刚添加的对话框,为其添加一个类,类名为"CFormViewCtrl",基类为"CFormView",该对话框用于摆放各个操作的按钮。为了在窗口中显示更多的内容,采用切分窗口的办法,把窗口分为四部分:左上窗口用于显示第一个印章的图像;右上窗口用于显示第二个印章的图像;左下窗口用于显示两个印章的重叠情况;右下窗口用于显示各个操作按钮。为实现窗口切分,首先在 MainFrm. cpp 中的#include "MainFrm. h"语句下面添加如下三条语句:

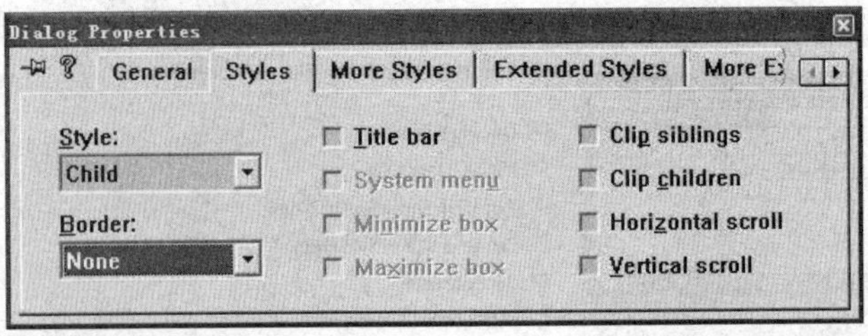

图 9.5 在对话框属性窗口的“Style”选择“Child”,“Border”选择“None”

```
#include "View2.h"
#include "View3.h"
#include "FormViewCtrl.h"
```

然后修改 MainFrm.cpp 中的 OnCreateClient,修改后的内容如下:

```
/**************************************
* 函数功能:为窗口创建两行两列共四个视图
**************************************/
BOOL CMainFrame::OnCreateClient(LPCREATESTRUCT /*lpcs*/,
    CCreateContext* pContext)
{
    //切分成两行两列四个窗口
    m_wndSplitter.CreateStatic(this,2,2);
    //下面四条语句指出左上、右上、左下、右下窗口的视图类,以及各个窗口的大小
    m_wndSplitter.CreateView(0,0,pContext->m_pNewViewClass,CSize(600,320),
pContext);
    m_wndSplitter.CreateView(0,1,RUNTIME_CLASS(CView2),CSize(400,320),
pContext);
    m_wndSplitter.CreateView(1,0,RUNTIME_CLASS(CView3),CSize(600,400),
pContext);
    m_wndSplitter.CreateView(1,1,RUNTIME_CLASS(CFormViewCtrl),CSize(400,
400),pContext);
    return TRUE;
}
```

9.2 图像的打开与显示

为了处理起来方便,单独建立了一个类 CSeal,用于管理和印章图像处理相关的属性与方法。为了显示图像,先定义如下属性:

```
unsigned char * bmpdata1, * bmpdata2, * bmpdata3;
unsigned char * bmpdata1origin, * bmpdata2origin;
unsigned char * mask1, * mask2;
unsigned char infoheader1[40], infoheader2[40];
unsigned char fileheader1[14], fileheader2[14];
int m_x1, m_y1, m_x2, int m_y2;
int openflag1,openflag2;
int cent_x1,cent_y1,cent_x2,cent_y2;
float radius1,radius2,angle1,angle2;
float match_degree;
```

其中 bmpdata1(图像 1)、bmpdata2(图像 2)和 bmpdata3(图像 3)分别指向左上、右上、左下三个图像的数据区,bmpdata1origin 和 bmpdata2origin 为 bmpdata1 和 bmpdata2 的原始数据备份。fileheader1 和 fileheader2 分别是图像 1 和图像 2 的文件头;infoheader1 和 infoheader2 分别是图像 1 和图像 2 的信息头。m_x1 和 m_y1 分别是图像 1 的宽和高;m_x2 和 m_y2 分别是图像 2 的宽和高(假设图像的宽是 4 的整数倍)。假设图像 3 和图像 1 的大小一模一样,因此,图像 3 和图像 1 共用同一个文件头和信息头。

接下来,在类 CSeal 的构造函数中添加如下初始化代码:

```
CSeal::CSeal()
{
//假设图像大小不超过 1200×1200
    mask1=new unsigned char [1200 * 1200];
    mask2=new unsigned char [1200 * 1200];
    bmpdata1=new unsigned char [1200 * 1200 * 3];
    bmpdata2=new unsigned char [1200 * 1200 * 3];
    bmpdata3=new unsigned char [1200 * 1200 * 3];
    bmpdata1origin=new unsigned char [1200 * 1200 * 3];
    bmpdata2origin=new unsigned char [1200 * 1200 * 3];
    memset(bmpdata3,255,1200 * 1200 * 3);
    memset(mask1,0,1200 * 1200);
    memset(mask2,0,1200 * 1200);
    openflag1=openflag2=0;
    cent_x1=100;
    cent_y1=150;
}
```

在类 CSeal 的析构函数中添加如下代码:

```
CSeal:: ~ CSeal()
```

```
{
    delete [ ]mask1;
    delete [ ]mask2;
    delete [ ]bmpdata1;
    delete [ ]bmpdata2;
    delete [ ]bmpdata3;
    delete [ ]bmpdata1origin;
    delete [ ]bmpdata2origin;
}
```

在 void CSealVeriProView::OnDraw(CDC * pDC)中添加如下代码:

```
void CSealVeriProView::OnDraw(CDC * pDC)
{
    CSealVeriDoc * pDoc = GetDocument();
    ASSERT_VALID(pDoc);
    pDoc->Draw(pDC);
}
```

为右下角的"打开图像1"按钮添加如下代码:

```
void CFormViewCtrl::OnBtnOpenBmp1()
{
    CSealVeriDoc * pDoc =(CSealVeriDoc *)GetDocument();
    pDoc->OpenBmp(1);
    if(pDoc->Seal1.openflag1==0)
    return;
}
```

在 CSealVeriProDoc 类中添加如下打开图像的代码:

```
void CSealVeriProDoc::OpenBmp(int index)
{
    Seal1.OpenSeal(index);
    if(index==1)
    {
        Seal1.EraseChar(Seal1.bmpdata1, Seal1.m_x1, Seal1.m_y1);
        memcpy(Seal1.bmpdata1origin,Seal1.bmpdata1,Seal1.m_x1 * Seal1.m_y1 * 3);
    }
```

```
    else
    {
        Seal1.EraseChar(Seal1.bmpdata2, Seal1.m_x2, Seal1.m_y2);
        memcpy(Seal1.bmpdata2origin,Seal1.bmpdata2,Seal1.m_x2 * Seal1.m_y2 * 3);
    }
    UpdateAllViews(NULL);
}
```

在 CSealVeriProDoc 类中添加如下的显示图像的代码：

```
void CSealVeriProDoc::Draw(CDC *pDC)
{
    if(! Seal1.openflag1)
        return;
    ::StretchDIBits(pDC->GetSafeHdc(), 0, 0, Seal1.m_x1, Seal1.m_y1, 0,  0,
        Seal1.m_x1, Seal1.m_y1,Seal1.bmpdata1,
    (BITMAPINFO *)Seal1.infoheader1, DIB_RGB_COLORS, SRCCOPY);
}
```

用类似的方法，可以添加显示 bmpdata2 和 bmpdata3 的代码。

9.3　图像红色区域的检测

9.3.1　背景黑色字的去除

由于扫描纸制文件得到的印章局部图像通常会有一些黑色的文字，而这些黑色文字会对印章鉴别产生不利影响。因此，在印章比对前，需要将背景黑色字去除。在判断某个像素的颜色是否为黑色时，需要比较当前点的各个颜色分量均值与整幅图像的各个颜色分量均值之间的关系，以及当前像素点的红、绿颜色分量之间的差值。如果满足如下两个不等式，则可将该像素点判断为黑色：

$$V_{\mathrm{Ave}}<V_{\mathrm{AveAll}}-40 \tag{9.1}$$

$$|I_{\mathrm{Red}}-I_{\mathrm{Green}}|<80 \tag{9.2}$$

式中，V_{Ave}、V_{AveAll}、I_{Red} 和 I_{Green} 分别为某像素点的颜色分量平均值、所有颜色分量的平均值、当前像素点的红色分量值和当前像素点的绿色分量值。图 9.6 和图 9.7 分别给出了原始印章图像和对其去除背景黑色字的结果。

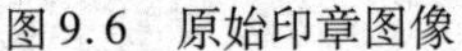

图 9.6 原始印章图像

图 9.7 对图 9.6 去除背景黑色字的结果

```
/***************************************
* 函数功能:去除图像背景的黑色字
* 参数:image—图像数据,既是输入,也是输出;
*       cx—图像的宽;cy—图像的高
****************************************/
void CSeal::EraseChar(unsigned char *image, int cx, int cy)
{
    int i,j,t,r,g,b;
    double sum=0.0,ave,ave2;
    //每个像素点包括红、绿、蓝三个颜色分量,所以颜色分量的总数是像素数的 3 倍
    t=cx*cy*3;
    //求所有颜色分量的平均值 ave,用于表示图像亮度的近似估量
    for(i=0;i<t;i++)
        sum+=image[i];
    ave=sum/t;
    /*对各个像素点,计算它的颜色分量平均值 ave2,如果 ave2 小于 ave-40(说明比
较暗),且红色分量与绿色分量的差值小于 80(说明无明显颜色),则该点的颜色值置为白色
*/
    for(i=0;i<cx;i++)
        for(j=0;j<cy;j++)
        {
            b=image[(j*cx+i)*3];
            g=image[(j*cx+i)*3+1];
            r=image[(j*cx+i)*3+2];
            ave2=(r+g+b)/3;
            if(ave2<ave-40)
            {
                if(labs(r-g)<80)
```

```
                {
                    image[(j*cx+i)*3]=255;
                    image[(j*cx+i)*3+1]=255;
                    image[(j*cx+i)*3+2]=255;
                }
            }
        }
}
```

9.3.2　检测红色区域

印章比对的必不可少的一个步骤是检测印章的红色区域,由于印章图像是 24 位真彩色,但是表示某个像素点是否为红色用一个字节就足够了,所以定义 unsigned char 型的数组 mask 用于表示各个像素点是否为红色。另外,在印章匹配时,可以忽略掉外侧的圆环和内部的图标,它们一般对印章匹配来说意义不大。图 9.8 给出了检测红色区域的结果。

(a) 对图9.7检测红色像素点的结果

(b) 对图(a)去除非文字区域和去噪的结果

图 9.8　检测红色区域的结果

```
/************************************
* 函数功能:检测印章区域,并把结果放在 mask 中,如果为红色点,则 mask 的
*          对应值为 1,否则为 0
* 参数:image—输入的图像;cx—图像的宽;cy—图像的高;mask—输出的结果;
*      index—图像的序号,值为 1 表明是第 1 幅图像,值为 2 表明是第 2 幅图像
************************************/
void CSeal::GetMask(unsigned char *image, int cx, int cy, unsigned char *mask,int index)
{
    int x,y,r,g;
    double ratio;
    //初始化 mask 存储空间,假设图像的大小不超过 1200×1200
    memset(mask,0,1200*1200);
    for(x=0;x<cx;x++)
        for(y=0;y<cy;y++)
```

```
        {
//计算当前点与圆心的距离,并计算该距离与圆的半径的比值
            if(index==1)
                ratio=sqrt((x-cent_x1)*(x-cent_x1)+(y-cent_y1)*(y-cent_y1))
                    /radius1;
            else
                ratio=sqrt((x-cent_x2)*(x-cent_x2)+(y-cent_y2)*(y-cent_y2))
                    /radius2;
//如果比值小于0.37或者大于0.92,则说明没有位于文字区域,故舍弃掉
            if(ratio<0.37 || ratio>0.92)
                continue;
                r=image[(y*cx+x)*3+2];
                g=image[(y*cx+x)*3+1];
//如果红色分量与绿色分量的强度值之差大于20,则说明为红色点,将mask置为1
            if(r-g>20)
                mask[y*cx+x]=1;
        }
/*EreaseNoise用于图像的去噪,去噪的原理将在9.4节中介绍,去噪5至6次的效果
比较理想*/
    EraseNoise(mask,cx,cy);
    EraseNoise(mask,cx,cy);
    EraseNoise(mask,cx,cy);
    EraseNoise(mask,cx,cy);
    EraseNoise(mask,cx,cy);
}
```

9.4 图像去噪

由于印章的匹配实质上为字的形状和位置的比对,这些字是由一个个像素组成的,相对于像素而言,字的形状属于宏观范畴。对字的形状进行比对时可能出现这样的情况:两个字的形状基本是一样的,但是按像素点比对时,匹配率可能并不高。图9.9和图9.10就是这样的两个例子:在图9.9中,两个几何形状基本是一模一样的,但是按对应位置的像素点进行比较时,匹配相似度只有49.9%,在图9.10中,两个形状也基本是一模一样的,但是匹配像素度为0。造成这种现象的原因是第一个图像中黑点的位置刚好对应第二个图像的白点位置;而第一个图像中白点的位置刚好对应第二个图像的黑点位置。

如图9.11所示,点(x, y)的上、下、左、右四个邻近点$(x+1, y)$、$(x-1, y)$、$(x, y-1)$和$(x, y+1)$构成了它的四邻域点。印章图像的去噪是根据四邻域点的大多数点的颜色决定点(x, y)的颜色,具体规则如下:

规则1:若某个点的四邻域点有3个或4个是黑点,则将该点设置为黑点。

图 9.9　图像匹配例子 1:两个图的宏观形状完全相同,像素点匹配相似度为 49.9%

图 9.10　图像匹配例子 2:两个图的宏观形状完全相同,像素点匹配相似度为 0.0%

规则 2:若某个点的四邻域点有 0 个或 1 个是黑点,则将该点设置为白点。

规则 3:若某个点的四邻域点有 2 个是黑点,则该点的颜色不变。

	(x+1, y)	
(x, y−1)	(x, y)	(x, y+1)
	(x−1, y)	

图 9.11　四邻域点示意图

```
/************************************
 * 函数功能:去除噪声
 * 参数:mask—既是输入,也是输出;cx—图像的宽;cy—图像的高
 ************************************/
void CSeal::EraseNoise(unsigned char *mask, int cx, int cy)
{
    int x,y,sum;
    char *bak;
    //为临时存储空间分配空间
    bak=new char[cx*cy];
    //各个点初始化为 0,即白点。(值为 1 时,表明是黑点)
    memset(bak,0,cx*cy);
```

```
    //因最上、最下、最左侧、最右侧的点找不到所有四个四邻域点,所以不处理这些点
    //x 的取值范围为 1 ~ cx-2,y 的取值范围为 1 ~ cy-2
    for(x=1;x<cx-1;x++)
        for(y=1;y<cy-1;y++)
        {
            //计算四邻域点中的黑点个数
            sum=mask[y * cx+(x+1)]+mask[y * cx+(x-1)]+mask[(y+1) * cx+x]
                +mask[(y-1) * cx+x];
            if(sum>2)
                bak[y * cx+x]=1;
            else if(sum<2)
                bak[y * cx+x]=0;
            else
                bak[y * cx+x]=mask[y * cx+x];
        }
    memcpy(mask,bak,cx * cy);
    delete []bak;
}
```

图 9.12 给出了多次调用去噪函数后的处理结果,从这个图可以看出,去噪 2 次的效果好于去噪 1 次,去噪 3 次的效果好于去噪 2 次,去噪 5 到 6 次后,可以达到比较理想的效果。

(a) 原始图像　(b) 1次消除噪声后　(c) 2次消除噪声后　(d) 3次消除噪声后

图 9.12　图像去噪的一个例子

9.5　印章圆心位置与半径的获取

印章的圆心位置与半径可以通过投影法得到。如图 9.13 所示,首先统计每行和每列的红点个数,得到两条投影曲线,然后从垂直投影曲线自左向右找第一个大于阈值 T_b 的点,即为印章的左边界。同理,从垂直投影曲线自右向左找第一个大于阈值 T_b 的点,即为印章的右边界。从水平投影曲线自下向上找第一个大于阈值 T_b 的点,即为印章的下边界。从水平投影曲线自上向下找第一个大于阈值 T_b 的点,即为印章的上边界。为了避免噪声的影响,在计算边界坐标前,需要对投影曲线做滤波处理。

假设 l_bdr 和 r_bdr 分别为左边界和右边界,d_bdr 和 u_bdr 分别为下边界和上边界,则

圆心的坐标(cent_x, cent_y)由下面的公式得到:

$$cent\_x = (l\_bdr + r\_bdr)/2 \qquad (9.3)$$

$$cent\_y = (d\_bdr + u\_bdr)/2 \qquad (9.4)$$

圆的半径 radius 可以由左、右边界做差或上、下边界做差得到,为了减小误差,由四个边界坐标共同计算产生:

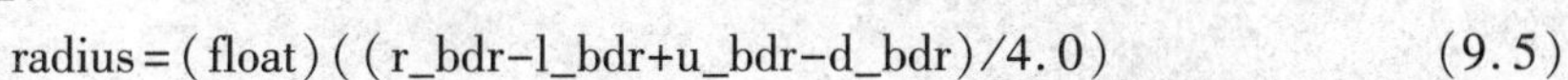

$$radius = (float)((r\_bdr - l\_bdr + u\_bdr - d\_bdr)/4.0) \qquad (9.5)$$

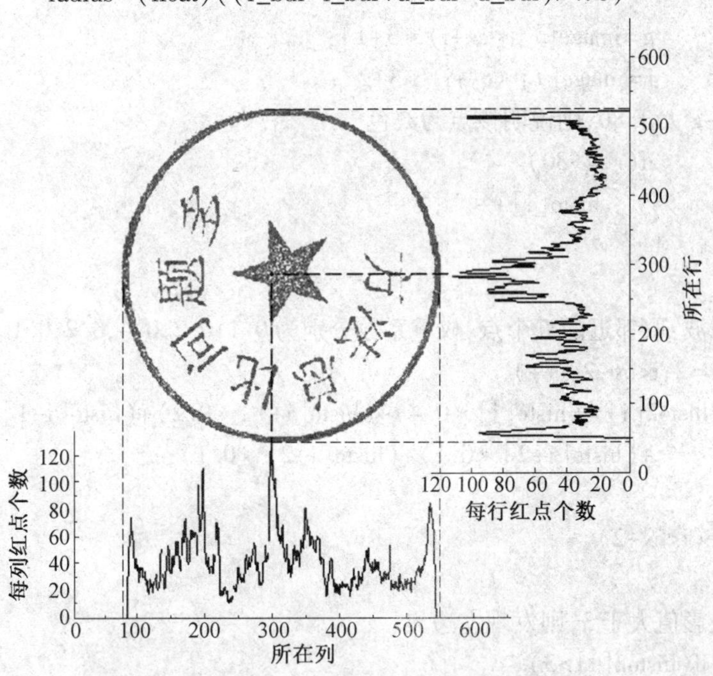

图 9.13　印章图像垂直和水平方向投影示意图

```
/*************************************
* 函数功能:计算圆形印章的圆心位置和半径
* 参数:mask—输入的图像;cx—图像的宽;cy—图像的高;
*        cent_x 和 cent_y—圆心的横纵坐标(输出);radius—印章的半径(输出);
*************************************/
void CSeal::GetSealCent(unsigned char *image, int cx, int cy, int &cent_x,
    int &cent_y,  float &radius)
{
    int i,j,r,g,b;
//l_bdr、r_bdr、u_bdr 和 d_bdr 分别代表左、右、上、下边界的坐标
    int l_bdr,r_bdr,u_bdr,d_bdr;
//用于存储投影值
    double histo[2000];
//用于存储投影值的滤波后的结果
    double histo2[2000];
//求各列的红点个数以及印章的左、右边界
```

```
    for(i=0;i<cx;i++)
    {
        histo[i]=0.0;
        histo2[i]=0.0;
        for(j=0;j<cy;j++)
        {
            g=image[(j*cx+i)*3+1];
            r=image[(j*cx+i)*3+2];
//如果 r-g 大于 80,则说明该点为红色
            if(r-g>80)
                histo[i]++;
        }
    }
//高斯滤波:取邻近的五个点,权重系数分别为 0.1,0.2,0.4,0.2,0.1
    for(i=2;i<cx-2;i++)
        histo2[i]=(histo[i]*0.4)+(histo[i+1]*0.2)+(histo[i-1]*0.2)
            +(histo[i+2]*0.1)+(histo[i-2]*0.1);
    i=3;
    while(i<cx-2)
    {
//如果投影值大于 3,则发现左边界
        if(histo2[i]>3)
            break;
        i++;
    }
    l_bdr=i-2;
    i=cx-4;
    while(i>1)
    {
//如果投影值大于 3,则发现右边界
        if(histo2[i]>3)
            break;
        i--;
    }
    r_bdr=i+2;
//计算圆心横坐标
    cent_x=(l_bdr+r_bdr)/2;
//求各行的红点个数以及印章的上、下边界
    for(i=0;i<cy;i++)
```

```
{
    histo[i]=0.0;
    histo2[i]=0.0;
    for(j=0;j<cx;j++)
    {
        g=image[(i*cx+j)*3+1];
        r=image[(i*cx+j)*3+2];
        if(r-g>80)
            histo[i]++;
    }
}
for(i=2;i<cy-2;i++)
histo2[i]=(histo[i]*0.4)+(histo[i+1]*0.2)+(histo[i-1]*0.2)
        +(histo[i+2]*0.1)+(histo[i-2]*0.1);
i=3;
while(i<cy-2)
{
//如果投影值大于3,则发现下边界
    if(histo2[i]>3)
        break;
    i++;
}
d_bdr=i-2;
i=cy-4;
while(i>1)
{
//如果投影值大于3,则发现上边界
    if(histo2[i]>3)
        break;
    i--;
}
u_bdr=i+2;
//计算圆心纵坐标
cent_y=(d_bdr+u_bdr)/2;
//计算圆的半径
radius=(float)((r_bdr-l_bdr+u_bdr-d_bdr)/4.0);
}
```

9.6 图像旋转

假设I_1和I_2是两个印章图像,它们的中心分别是(C_{x1}, C_{y1})和(C_{x2}, C_{y2})。假设I_2的旋转角度是θ,经过旋转,I_2中的坐标(x, y)变为(x', y')。坐标(x', y')可以通过如下公式得到:

$$x' = (x - C_{x2})\cos\theta - (y - C_{y2})\sin\theta + C_{x2} \tag{9.6}$$

$$y' = (y - C_{y2})\cos\theta + (x - C_{x2})\sin\theta + C_{y2} \tag{9.7}$$

一般情况下,两个图像中的印章中心坐标是不同的。因此,为比较两个印章还需要做图像的平移。通过如下公式实现坐标的平移:

$$x'' = x' - C_{x2} + C_{x1} \tag{9.8}$$

$$y'' = y' - C_{y2} + C_{y1} \tag{9.9}$$

式中,x'和y'分别为旋转后的坐标;x''和y''分别为平移后的坐标;(C_{x1}, C_{y1})和(C_{x2}, C_{y2})分别为坐标平移前两个印章的中心位置。图9.14给出了图像对齐前和对齐后的对比的例子。

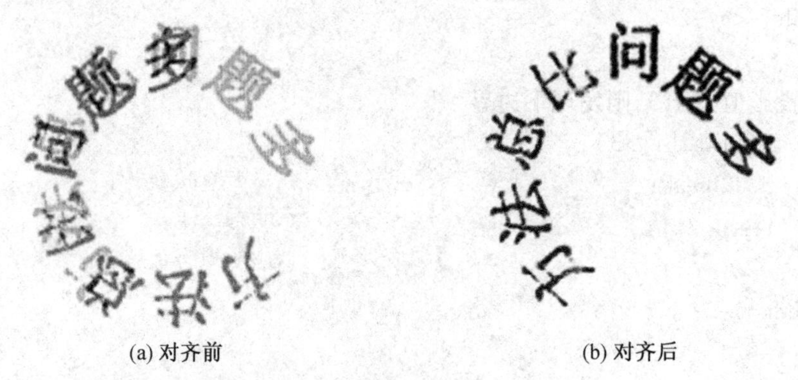

(a) 对齐前　　(b) 对齐后

图9.14 印章图像对齐的一个例子

```
/*****************************************
* 函数功能:印章图像旋转
* 参数:image—既是输入的图像,也是输出的图像;cx—图像的宽;cy—图像的高;
*        rx 和 ry—圆心的横纵坐标;angle—旋转的弧度值
*****************************************/
void CSeal::SealRetotaion(unsigned char *image, int cx, int cy, int rx, int ry, double angle)
{
    int i,j;
    double xt,yt;
    int x1,x2,y1,y2;
    double wx1,wx2,wy1,wy2,w11,w12,w21,w22;
    unsigned char *bmptemp;
//bmptemp 用于临时存储图像
    bmptemp=new unsigned char [cx*cy*3];
```

```
//bmptemp 初始化为白色
    memset(bmptemp,255,cx * cy * 3);
    for(i=0;i<cx;i++)
        for(j=0;j<cy;j++)
        {
//xt 和 yt 分别是旋转后的精确坐标
                xt=(i-rx) * cos(angle)+(j-ry) * sin(angle)+rx;
                yt=(j-ry) * cos(angle)-(i-rx) * sin(angle)+ry;
//(x1, y1)、(x1, y2)、(x2, y1)和(x2, y2)为(xt, yt)周围的四个整数坐标点
                x1=(int)xt;
                x2=x1+1;
                wx2=xt-x1;
                wx1=1-wx2;
                y1=(int)yt;
                y2=y1+1;
                wy2=yt-y1;
                wy1=1-wy2;
//w11、w12、w21 和 w22 分别为(x1, y1)、(x1, y2)、(x2, y1)和(x2, y2)的权重系数
                w11=wx1 * wy1;
                w12=wx1 * wy2;
                w21=wx2 * wy1;
                w22=wx2 * wy2;
//若某个点旋转后的坐标超出图像的范围,则忽略该点
                if(xt>=2 && xt<cx-2 && yt>=2 && yt<cy-2)
                {
//计算蓝色分量的强度值
                    bmptemp[((j) * cx+(i)) * 3]=(unsigned char)(image[(y1 * cx+
                    x1) * 3] * w11
                        +image[(y2 * cx+x1) * 3] * w12+image[(y1 * cx+x2) * 3] * w21
                        +image[(y2 * cx+x2) * 3] * w22+0.5);
//计算绿色分量的强度值
                    bmptemp[((j) * cx+(i)) * 3+1]=(unsigned char)(image[(y1 * cx
                    +x1) * 3+1] * w11
                        +image[(y2 * cx+x1) * 3+1] * w12+image[(y1 * cx+x2) * 3+
                        1] * w21
                        +image[(y2 * cx+x2) * 3+1] * w22+0.5);
//计算红色分量的强度值
                    bmptemp[((j) * cx+(i)) * 3+2]=(unsigned char)(image[(y1 * cx
                    +x1) * 3+2] * w11
```

```
                    +image[(y2 * cx+x1) * 3+2] * w12+image[(y1 * cx+x2) * 3+
                    2] * w21
                    +image[(y2 * cx+x2) * 3+2] * w22+0.5);
            }
        }
    for(i=0;i<cx;i++)
        for(j=0;j<cy;j++)
        {
            image[(j * cx+i) * 3]=bmptemp[((j) * cx+(i)) * 3];
            image[(j * cx+i) * 3+1]=bmptemp[((j) * cx+(i)) * 3+1];
            image[(j * cx+i) * 3+2]=bmptemp[((j) * cx+(i)) * 3+2];
        }
    delete [] bmptemp;
}
```

9.7 匹配相似度计算

由于两个印章的中心已经找到,所以采用一个印章保持不动,而对另一个印章绕其中心旋转,并平移图像使两个印章的中心重合的办法。在旋转印章时,为了保证匹配的精度,应尽量缩小旋转时的角度间隔。对每个旋转角度,在对第2个印章旋转和平移后,应计算匹配相似度。匹配相似度通过如下公式计算:

$$S_{match}=N_{match}/\max\{N_1,N_2\} \tag{9.10}$$

式中,S_{match}为匹配相似度;N_{match}为两个图像中重合的红像素点个数;N_1和N_2分别为两幅图像中红像素点个数;$\max\{N_1,N_2\}$为取N_1和N_2的最大值。

```
/**********************************
* 函数功能:计算 mask1 和 mask2 的匹配相似度
**********************************/
void CSeal::ImageSuperposition()
{
    int x,y,dx,dy;
//sum1 为图像 1 的红点个数,sum2 为图像 2 的红点个数,sum3 为重合的红点个数
    float sum1,sum2,sum3;
//如果图像 1 或图像 2 未打开,则退出
    if(openflag1==0 || openflag2==0)
        return;
    sum1=sum2=sum3=0.0;
//dx 和 dy 分别为两个圆心的横坐标和纵坐标的差值,用于对齐两个印章
    dx=cent_x2-cent_x1;
```

```
    dy=cent_y2-cent_y1;
//左下窗口初始化为白色
    memset(bmpdata3,255,m_x1 * m_y1 * 3);
    for(x=5;x<m_x1-5;x++)
        for(y=5;y<m_y1-5;y++)
        {
//如果坐标(x+dx, y+dy)超出了图像 2 的范围,则该点不做处理
            if((y+dy) * m_x2+x+dx < 0 || (y+dy) * m_x2+x+dx > m_x2 * m_y2-1)
                continue;
//统计图像 1 的红点个数
            if(mask1[y * m_x1+x]==1)
                sum1++;
//统计图像 2 的红点个数
            if(mask2[y * m_x1+x]==1)
                sum2++;
        }
    for(x=5;x<m_x1-5;x++)
        for(y=5;y<m_y1-5;y++)
        {
//如果坐标(x+dx, y+dy)超出了图像 2 的范围,则该点不做处理
            if( (y+dy) * m_x2+x+dx < 0 || (y+dy) * m_x2+x+dx > m_x2 * m_y2-1)
                continue;
//图像 1 和图像 2 的红点重合时,该点在左下角图像中以黑色显示
            if(mask1[y * m_x1+x]==1 && mask2[(y+dy) * m_x2+x+dx]==1)
            {
                bmpdata3[(y * m_x1+x) * 3+0]=0;
                bmpdata3[(y * m_x1+x) * 3+1]=0;
                bmpdata3[(y * m_x1+x) * 3+2]=0;
            }
//图像 1 为白色而图像 2 为红色时,该点以绿色显示
            if(mask1[y * m_x1+x]==0 && mask2[(y+dy) * m_x2+x+dx]==1)
                bmpdata3[(y * m_x1+x) * 3+0]=bmpdata3[(y * m_x1+x) * 3+2]=0;
//图像 1 为红色而图像 2 为白色时,该点以紫色显示
            if(mask1[y * m_x1+x]==1 && mask2[(y+dy) * m_x2+x+dx]==0)
                bmpdata3[(y * m_x1+x) * 3+1]=0;
        }
    for(x=5;x<m_x1-5;x++)
        for(y=5;y<m_y1-5;y++)
        {
```

```
//如果坐标(x+dx, y+dy)超出了图像2的范围,则该点不做处理
        if( (y+dy) * m_x2+x+dx < 0 || (y+dy) * m_x2+x+dx > m_x2 * m_y2-1)
            continue;
//统计重合的红点的个数
            if(mask2[(y+dy) * m_x2+x+dx]==1)
            {
                if(mask1[y * m_x1+x])
                    sum3++;
            }
        }
//sum1 取 sum1 和 sum2 中较大的一个
    sum1=sum1>sum2? sum1:sum2;
//计算匹配相似度
    match_degree=sum3/sum1;
}

/*************************************
* 函数功能:印章匹配(优化前)
*************************************/
void CFormViewCtrl::OnBtnAtuoMatch()
{
    CSealVeriProDoc * pDoc =(CSealVeriProDoc *)GetDocument();
    int k;
    double max_match_degree,ang,max_ang;
//如果图像1或图像2未打开,直接返回,不做处理
    if(pDoc->Seal1.openflag1==0 || pDoc->Seal1.openflag2==0)
        return;
//最大匹配相似度 max_match_degree 初始化为-1
    max_match_degree=-1;
//将圆周等分为2 000份,等分的份越多则计算的精度越高,但是程序运行的时间也越长
    for(k=-1000;k<1001;k++)
    {
//计算应旋转的弧度
        ang=3.1415926/1000.0 * k;
//先从 bmpdata2origin 拷贝图像到 bmpdata2
        memcpy(pDoc->Seal1.bmpdata2, pDoc->Seal1.bmpdata2origin,
            pDoc->Seal1.m_x2 * pDoc->Seal1.m_y2 * 3);
//bmpdata2 旋转 ang 弧度,旋转后的结果仍然保存在 bmpdata2 中
            pDoc->Seal1.SealRetotaion(pDoc->Seal1.bmpdata2, pDoc->Seal1.m_x2,
```

```
pDoc->Seal1. m_y2, pDoc->Seal1. cent_x2, pDoc->Seal1. cent_y2,
            pDoc->Seal1. angle2+ang);
  //查找 bmpdata2 中的红点,把结果保存在 mask2 中
        pDoc->Seal1. GetMask(pDoc->Seal1. bmpdata2, pDoc->Seal1. m_x2,
            pDoc->Seal1. m_y2,pDoc->Seal1. mask2,2);
  //计算匹配相似度
        pDoc->Seal1. ImageSuperposition();
  //如果匹配相似度大于 max_match_degree,则更新 max_match_degree
        if(pDoc->Seal1. match_degree>max_match_degree)
        {
            max_match_degree=pDoc->Seal1. match_degree;
  //与 max_match_degree 对应的旋转角度为 max_ang
            max_ang=ang;
        }
    }
  //因上述循环结束后,旋转角度并不是 max_ang,所以需要再把 bmpdata2 旋转到 max_ang
    memcpy(pDoc->Seal1. bmpdata2, pDoc->Seal1. bmpdata2origin, pDoc->Seal1. m_x2
            * pDoc->Seal1. m_y2 * 3);
    pDoc->Seal1. SealRetotaion(pDoc->Seal1. bmpdata2, pDoc->Seal1. m_x2,
        pDoc->Seal1. m_y2, pDoc->Seal1. cent_x2, pDoc->Seal1. cent_y2,
        pDoc->Seal1. angle2 + max_ang);
  //查找 bmpdata2 中的红点,把结果保存在 mask2 中
    pDoc->Seal1. GetMask(pDoc->Seal1. bmpdata2, pDoc->Seal1. m_x2,
        pDoc->Seal1. m_y2,pDoc->Seal1. mask2, 2);
  //计算匹配相似度
    pDoc->Seal1. ImageSuperposition();
    pDoc->Seal1. angle2=(float)(pDoc->Seal1. angle2 + max_ang);
  //把旋转角度保存在 match_degree 中
    pDoc->Seal1. match_degree=(float)max_match_degree;
  //在窗口上显示匹配相似度
    m_edit_match_degree. Format("%f",pDoc->Seal1. match_degree);
    UpdateData(false);
    pDoc->UpdateAllViews(NULL);
    ::AfxMessageBox("OK",MB_OK);
}
```

9.8　匹配算法的时间复杂度优化

印章图像的旋转是比较耗费时间的任务,因为每次图像旋转时,都要对所有的像素点重

新计算坐标。印章匹配中的精确度和时间耗费是相互矛盾的:如果增加图像旋转角度的间隔,则旋转次数减少,时间耗费也减少,但是匹配的精度会降低,因为印章旋转后不能精确地对准而导致匹配相似度的误差的增大;如果减少图像旋转角度的间隔,则旋转次数增加,时间耗费也增加,但是匹配的精度会提高,因为印章旋转后精确地对准会导致匹配相似度的误差的减少。解决这个问题的最好办法是采用较小的旋转角度间隔,同时降低旋转时的时间耗费,为此,采用了一维投影的方法来减少计算量。这个算法的整体思路是,首先计算从圆心出发的各个射线方向上的红点个数,得到与印章图像对应的分布曲线,该曲线的横轴代表某个射线方向,纵轴代表该方向上红点的个数。图 9.15 给出了这样一个例子,在这个例子中,图 9.15(a)和图 9.15(b)为待匹配的两个印章图像,图 9.15(c)为与印章图像 1 对应的分布曲线,图 9.15(d)为与印章图像 2 对应的分布曲线。在这两条曲线中,因各个射线方向的间隔是 0.5°,故整个圆周上共取 720 个射线方向,所以在图 9.15(c)和图 9.15(d)中横坐标的范围为从 0 到 719。通过观察,9.15(c)和图 9.15(d)的曲线之间是存在对应关系的,例如图中标有 A、B、C、D、E 的五个点是存在对应关系的。因为横轴代表射线方向,所以,两条曲线之间的比较是通过循环移位找对应关系的。例如,假如第二条曲线的横坐标 0 与第一条曲线的横坐标 152 对应,第二条曲线的横坐标 1 与第一条曲线的横坐标 153 对应,以此类推,第二条曲线的横坐标 567 与第一条曲线的横坐标 719 对应。那么第二条曲线的横坐标 568 就应通过循环移位的方式与第一条曲线的横坐标 0 对应。在第一条曲线的横坐标为 j,移位的偏移量为 i 时,可以通过如下公式计算第二条曲线的横坐标:

$$p=(j+i)\bmod 720 \tag{9.11}$$

式中,p 为第二条曲线的横坐标;mod 720 为对 720 取模。

从图 9.15 中,可以发现,两条曲线在字母 B 附近曲线形状不是非常相似,造成这种现象的原因是印章 2 中的"题"字有些模糊不清。但是,在找两条曲线的最佳对齐位置时,是找全局的最优对齐位置;因此,局部的不匹配不影响整体的匹配。在找到最佳对齐位置之后,可以对印章图像 2 按对齐位置的旋转角度进行旋转。这样直接旋转的精度仍然不够高,因为曲线 1 和曲线 2 的采样间隔是 0.5°,并不是非常小。比较稳妥的方式是在最佳对齐位置附近,取多个更小的采样间隔进行匹配,这样既保证了匹配的速度,又保证了匹配的精度。

```
/* * * * * * * * * * * * * * * * * * * * * * * * * * * * * * * * * * * *
 * 函数功能:计算从圆心出发的各个射线方向上的红点数量
 * 参数:mask—红点检测的结果;cx 和 cy—图像的宽和高;
 *       cent_x 和 cent_y—印章中心的横纵坐标;radius—印章的半径;
 *       pixelFenbu[ ]—各个射线方向上的红点的数量(输出)
 * * * * * * * * * * * * * * * * * * * * * * * * * * * * * * * * * * * */
void CSeal::distribution(unsigned char *mask, int cx, int cy, int cent_x, int cent_y,
float radius, int pixelFenbu[ ])
{
    double r_ratio;
    int origin_x;
    int origin_y;
//半径方向上长度比例系数
```

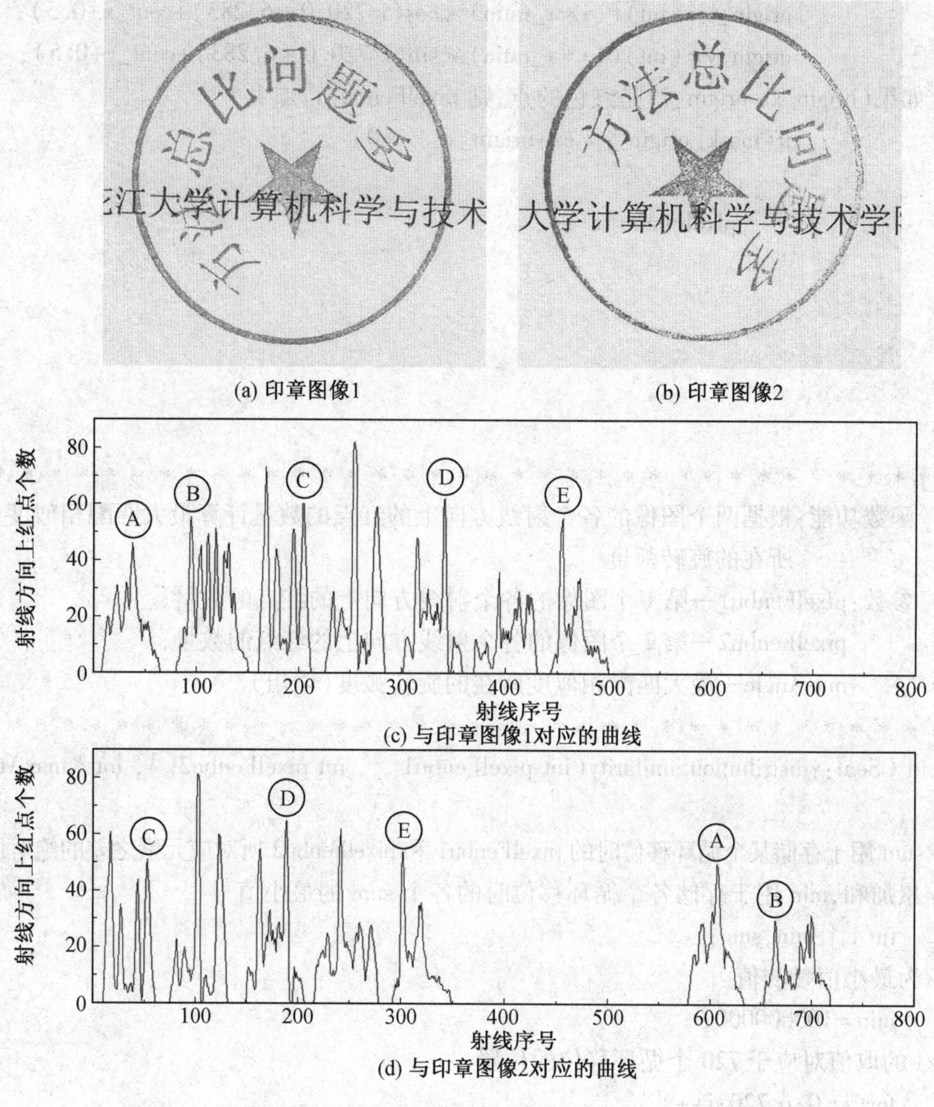

(a) 印章图像1　　(b) 印章图像2

(c) 与印章图像1对应的曲线

(d) 与印章图像2对应的曲线

图 9.15　两个图像的从圆心出发的各个射线方向上的红点数量的对比

```
    r_ratio=radius/300;
    int i,j;
//假设把圆周 720 等分,也就是各个射线方向的间隔为 0.5°
    for(i=0;i<720;i++)
    {
//初始化 pixelFenbu 数组
        pixelFenbu[i]=0;
//在射线 i 上从圆心到边缘逐个取点,为保证圆的外边缘都能取到,j 的取值略有余量
        for(j=0;j<315;j++)
        {
//把 i 和 j 换算成图像中的坐标
```

```
            origin_x=(int)((j*r_ratio)*cos(i/720.0*6.283)+cent_x+0.5);
            origin_y=(int)((j*r_ratio)*sin(i/720.0*6.283)+cent_y+0.5);
//如果(origin_x, origin_y)是红色的点,则 pixelFenbu[i]加 1
            if(mask[origin_y*cx+origin_x]! =0)
            {
                pixelFenbu[i]++;
            }
        }
    }
}

/***********************************
 * 函数功能:根据两个图像的各个射线方向上的红点的数量计算最大匹配相似度
 *          所在的旋转弧度
 * 参数:pixelFenbu1—第 1 个图像的各个射线方向上的红点的数量;
 *      pixelFenbu2—第 2 个图像的各个射线方向上的红点的数量;
 *      maxAngle—最大匹配相似度所在的旋转弧度(输出)
 ***********************************/
void CSeal::distributionSimilarity(int pixelFenbu1[], int pixelFenbu2[], int &maxAngle)
{
//sum 用于存储某个循环移位时的 pixelFenbu1 和 pixelFenbu2 所对应元素之差的绝对值
//累加和,min 用于存储各个循环移位时的各个 sum 的最小值
    int i,j,min,sum;
//为最小值赋初值
    min=100000000;
//i 的取值对应于 720 个循环移位的位置
    for(i=0;i<720;i++)
    {
        sum=0;
        for(j=0;j<720;j++)
//pixelFenbu1 的下标取 j,pixelFenbu2 的下标取循环移位之后的下标,即(j+i)%720
            sum+=abs(pixelFenbu1[j]-pixelFenbu2[(j+i)%720]);
        if(sum<min)
        {
/*记录最小的 sum 值和对应的循环移位值 maxAngle,其中 maxAngle 为函数的结果,以
引用型参数的形式返回*/
            min=sum;
            maxAngle=i;
        }
```

```
    }
}

/****************************************
 * 函数功能:印章匹配算法(优化后)
 ****************************************/
void CFormViewCtrl::OnBtnAtuoMatch()
{
    CSealVeriProDoc * pDoc =(CSealVeriProDoc *)GetDocument();
    int k;
    double max_match_degree,ang,max_ang;
  //如果图像 1 或图像 2 未打开,则直接返回,不做处理
    if(pDoc->Seal1.openflag1==0 || pDoc->Seal1.openflag2==0)
        return;
    int pixelFenbu1[1000],pixelFenbu2[1000];
    int maxAngle;
  //计算图像 1 在从圆心开始的各个射线方向上的红点个数,结果保存在 pixelFenbu1 中
    pDoc->Seal1.distribution(pDoc->Seal1.mask1, pDoc->Seal1.m_x1, pDoc->Seal1.
m_y1, pDoc->Seal1.cent_x1, pDoc->Seal1.cent_y1, pDoc->Seal1.radius1, pixelFenbu1);
  //计算图像 2 在从圆心开始的各个射线方向上的红点个数,结果保存在 pixelFenbu2 中
    pDoc->Seal1.distribution(pDoc->Seal1.mask2, pDoc->Seal1.m_x2, pDoc->Seal1.
m_y2, pDoc->Seal1.cent_x2, pDoc->Seal1.cent_y2, pDoc->Seal1.radius2, pixelFenbu2);
  //循环移位比较 pixelFenbu1[]和 pixelFenbu2[]的相似度
    pDoc->Seal1.distributionSimilarity(pixelFenbu1, pixelFenbu2, maxAngle);
    maxAngle *=-1;
    max_match_degree=-1;
  //取 maxAngle 附近的若干个旋转方向进行匹配
    for(k=-10;k<10;k++)
    {
  //计算需要旋转的弧度值
    ang=3.1415926/360.0 * (k+maxAngle);
  //先从 bmpdata2origin 拷贝图像到 bmpdata2
    memcpy(pDoc->Seal1.bmpdata2, pDoc->Seal1.bmpdata2origin,
        pDoc->Seal1.m_x2 * pDoc->Seal1.m_y2 * 3);
  //bmpdata2 旋转 ang 弧度,旋转后的结果仍然保存在 bmpdata2 中
    pDoc->Seal1.SealRetotaion(pDoc->Seal1.bmpdata2, pDoc->Seal1.m_x2,
        pDoc->Seal1.m_y2, pDoc->Seal1.cent_x2, pDoc->Seal1.cent_y2,
    pDoc->Seal1.angle2+ang);
  //查找 bmpdata2 中的红点,把结果保存在 mask2 中
```

```
        pDoc->Seal1. GetMask( pDoc->Seal1. bmpdata2, pDoc->Seal1. m_x2,
            pDoc->Seal1. m_y2,pDoc->Seal1. mask2,2);
    //计算匹配相似度
        pDoc->Seal1. ImageSuperposition();
    //如果匹配相似度大于 max_match_degree,则更新 max_match_degree
        if( pDoc->Seal1. match_degree>max_match_degree)
        {
            max_match_degree = pDoc->Seal1. match_degree;
    //与 max_match_degree 对应的旋转角度为 max_ang
            max_ang = ang;
        }
    }
    //因上述循环结束后,旋转角度并不是 max_ang,所以需要再把 bmpdata2 旋转到 max_ang
        memcpy( pDoc->Seal1. bmpdata2, pDoc->Seal1. bmpdata2origin, pDoc->Seal1. m_x2
                * pDoc->Seal1. m_y2 * 3);
        pDoc->Seal1. SealRetotaion( pDoc->Seal1. bmpdata2, pDoc->Seal1. m_x2,
                pDoc->Seal1. m_y2, pDoc->Seal1. cent_x2, pDoc->Seal1. cent_y2,
                pDoc->Seal1. angle2 + max_ang);
    //查找 bmpdata2 中的红点,把结果保存在 mask2 中
        pDoc->Seal1. GetMask( pDoc->Seal1. bmpdata2, pDoc->Seal1. m_x2,
                pDoc->Seal1. m_y2, pDoc->Seal1. mask2, 2);
    //计算匹配相似度
        pDoc->Seal1. ImageSuperposition();
        pDoc->Seal1. angle2 = (float)( pDoc->Seal1. angle2 + max_ang);
    //把旋转角度保存在 match_degree 中
        pDoc->Seal1. match_degree = (float)max_match_degree;
    //在窗口上显示匹配相似度
        m_edit_match_degree. Format("%f",pDoc->Seal1. match_degree);
        UpdateData( false);
        pDoc->UpdateAllViews( NULL);
        ::AfxMessageBox("OK",MB_OK);
    }
```

最后,给出软件的界面图,如图 9.16 所示。

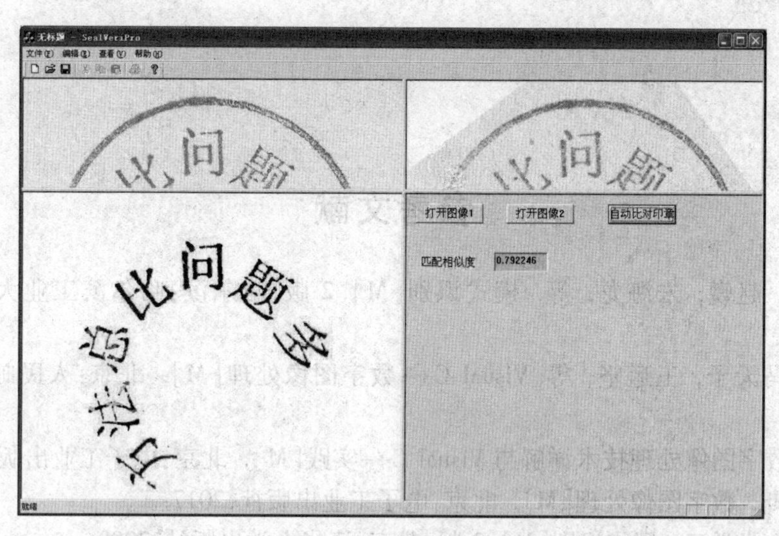

图 9.16　软件的界面图

9.9　本章小结

本章介绍了图像处理与识别的一个较为综合的案例。从带有背景字体的印章图像开始,经过去除背景字、检测图像红色区域、图像去噪、计算圆心位置与半径、图像旋转、匹配相似度计算等步骤实现了印章的真伪鉴别。鉴于印章旋转时的计算量非常大,最后给出了印章匹配相似度计算的优化算法,大大降低了特征匹配的时间复杂度。

参考文献

[1] 刘家锋，赵巍，朱海龙，等. 模式识别[M].2 版. 哈尔滨:哈尔滨工业大学出版社，2017.

[2] 何斌，马天予，王运坚，等. Visual C++数字图像处理[M]. 北京:人民邮电出版社，2001.

[3] 左飞. 数字图像处理技术详解与 Visual C++实践[M]. 北京:电子工业出版社,2014.

[4] 冈萨雷斯. 数字图像处理[M]. 北京:电子工业出版社,2017.

[5] 边肇祺，张学工. 模式识别[M].2 版. 北京:清华大学出版社,2000.

[6] 谷口庆治. 数字图像处理——基础篇[M]. 北京:科学出版社,2002.

[7] 王志明，殷绪成,曾慧. 数组图像处理与分析[M]. 北京:清华大学出版社,2012.

[8] 王新年，张涛. 数字图像压缩技术使用教程[M].北京:机械工业出版社,2009.

[9] 杨丹，赵海滨，龙哲. MATLAB 图像处理实例详解[M]. 北京:清华大学出版社,2013.

名词索引

J

K

L

M

N

P

Q

R

S

T

W

X

Y

Z